D1857211

Chadt/Leiner

TEMEX

Elektro Praxis

Weitere Bücher in dieser Reihe:

Instandhaltung von elektrischen Anlagen, Heinz Lapp

Fehlersuche in elektrischen Anlagen und Geräten, Josef Eiselt

Elektrotechnik in Gebäuden, Alfred R. Kraner

Meßpraxis Schutzmaßnahmen DIN VDE 0100, Martin Voigt

Die bestimmungsgerechte Elektroinstallations-Praxis, Winfried Hoppmann

Dienststück

Eberhard Chadt · Ulrich Leiner

TEMEX

Fernwirken – Fernmessen – Fernsteuern
Ein Leitfaden für Technik und Anwendung

50 Abbildungen

Fernmeldeamt Freiburg
Hausverwaltung
abgegeben an DSt: TVerb
am: 08.05.89

Pflaum Verlag München

CIP-Titelaufnahme der Deutschen Bibliothek

Chadt, Eberhard:
TEMEX: Fernwirken – Fernmessen – Fernsteuern; ein
Leitfaden für Technik und Anwendung / Eberhard Chadt;
Ulrich Leiner. – München: Pflaum, 1989
(Elektro-Praxis)
NE: Leiner, Ulrich:

ISBN 3-7905-0550-1

© 1989 by Richard Pflaum Verlag GmbH & Co. KG, München · Bad Kissingen · Baden-Baden · Berlin · Düsseldorf · Heidelberg
Alle Rechte, insbesondere die der Übersetzung, des Nachdrucks, der Entnahme von Abbildungen, der Funksendung, der Wiedergabe auf fotomechanischem oder ähnlichem Wege und der Speicherung in Datenverarbeitungsanlagen bleiben, auch bei nur auszugsweiser Verwertung, vorbehalten.
Satz: Fotosatz-Service Weihrauch, Würzburg
Druck: Pflaum Verlag, München
Aufbindung: Sellier, Freising

Inhaltsverzeichnis

Vorwort des ZVEH . . . 7

Vorwort der Autoren . . . 8

1 Einleitung . . . 9

2 Das Fernwirken . . . 11
2.1 Was ist Fernwirken . . . 11
2.2 Die technische Weiterentwicklung . . . 12
2.2.1 Fernwirken ohne TEMEX . . . 13
2.2.2 Fernwirken mit TEMEX . . . 14
2.2.3 Von der Studie zum Seriendienst . . . 15
2.3 Wo steht TEMEX . . . 18

3 Das kann TEMEX . . . 21
3.1 Die TEMEX-Mehrwert-Dienstleistung . . . 21
3.2 Die Vertragspartner . . . 22
3.3 Service aus einer Hand . . . 23
3.4 Das Netz . . . 25
3.4.1 TEMEX-Netzabschluß (TNA) . . . 27
3.4.2 TEMEX-Konzentratoreinrichtung (TK) . . . 27
3.4.3 TEMEX-Zentrale (TZ) . . . 28
3.4.4 TEMEX-Hauptzentrale (THZ) . . . 28
3.4.5 Die Vermittlung der Fernwirkinformation . . . 29

4 Die Ausbaustrategie der Post . . . 31
4.1 Allgemeines . . . 31
4.2 TEMEX-Einzugsbereiche . . . 31
4.3 Struktur eines TEMEX-Versorgungsbereiches . . . 34
4.4 Netzausbau und Vermarktung . . . 38
4.5 Weiterentwicklung von TEMEX . . . 41

5 Die Realisierung . . . 45
5.1 Die Planung . . . 45
5.1.1 Aufgabenklärung . . . 45
5.1.2 Der Bezugsbereich der Anwendung . . . 46
5.1.3 Das Zeit/Mengengerüst . . . 48

5.1.4 Vorkonzentration der Fernwirkinformationen 50
5.1.5 Vorgaben zur Realisierung 52
5.2 Die Installation 52
5.2.1 Ort des TNA 52
5.2.2 ›Inhouse‹-Fernwirk-Netze vom TNA zum FWEG 54
5.2.3 Installationsbeispiele 60
5.3 Die Leitstelle 63
5.4 Das Dienstleistungsangebot der Post 64
5.4.1 Erläuterungen zur rechtlichen Situation 64
5.4.2 TEMEX-Betriebsmöglichkeiten 65
5.4.3 Ohne Formulare geht es nicht 71

6 Die Dienstleistung im Gesamtsystem 75
6.1 Betrieb der Dienstleistungszentrale 75
6.1.1 Beispiel eines Leitstellenprogramms 75
6.1.2 Besondere räumliche Voraussetzungen 77
6.2 Anforderungen an das Personal 77
6.2.1 Betrieb der Leitwarte 77
6.2.2 Installation und Wartung 78
6.3 Die gesicherte Fernwirkinformation 79
6.4 Berücksichtigung von Systemausfällen 80
6.5 Vertragsverhältnisse 82

7 Zulassung 83
7.1 Allgemeines zur Zulassung 83
7.2 Die Situation von TEMEX 84
7.3 Personenzulassung/Gerätezulassung 85
7.3.1 Vereinfachtes Zulassungsverfahren für FWEE im Betriebsversuch 85
7.3.2 Vorläufige Bestimmungen für die Zulassung für Installationsarbeiten an TNA sowie für das Errichten und Instandhalten von FWEE an TNA 87
7.4 Änderungen der TEMEX-Zulassung 93

8 Formulare/Tabellen 95
8.1 Auftragsformulare 95
8.2 Zulassungsformulare 109
8.3 Fördermaßnahmen 111
8.3.1 Protokollsoftware für Fernwirkleitstelle 111
8.3.2 Softwareförderung – Basiskarten 111
8.4 TEMEX-Netzabschlüsse (Typen) 113

Begriffe und Abkürzungen 119

Vorwort des ZVEH

Das vorliegende Buch zum Thema TEMEX erscheint zu einem Zeitpunkt, in dem nach Betriebsversuchen an insgesamt elf Standorten die flächendeckende Einführung unmittelbar bevorsteht. Mit Blick auf die Autoren, deren Kompetenz gleichermaßen bekannt und anerkannt ist, darf man wohl sagen, daß es ein Buch »aus der Praxis für die Praxis« ist. Ich betone dies aus der Sicht eines Handwerkers, der darauf angewiesen ist, sich schnell und umfassend zu informieren.

TEMEX ist für die Elektrohandwerke kein neues Thema. Der Zentralverband der Deutschen Elektrohandwerke hat die Entwicklung dieses neuen Dienstes der Post von der Startphase an aufmerksam verfolgt und durch Mitarbeit in den entsprechenden Gremien aktiv begleitet. Nicht zuletzt waren es elektrohandwerkliche Unternehmen, die als Pioniere den Nutzen von TEMEX »vor Ort« sichtbar gemacht haben. Wiederum war es auch unsere Organisation, die im November 1988 den ersten Kongreß zu diesem Thema durchführte, mit der hilfreichen Unterstützung eines der Buchautoren.

Das Buch schließt unmittelbar an das Anliegen dieses Kongresses an. Es motiviert die Elektrohandwerke, sich mit dieser neuen Technik zu beschäftigen und schafft durch umfassende Information gleichermaßen die Grundlage zur Erschließung des Marktes. Es ist ein Markt mit außerordentlich vielen Möglichkeiten.

Zunächst kann die neue Technik im eigenen Betrieb eingesetzt werden. Ein wichtiger Markt ist die Installation von TEMEX-kompatiblen Hausverteilanlagen – Gefahrenmeldeanlagen, Notrufanlagen, Heizkostenverteilanlagen usw. Die nach den Wünschen und dem Bedarf des Kunden entwickelte und installierte Technik kann in der Zukunft dann auch mit Hilfe von TEMEX gewartet werden (Fernwartung). Einen wirtschaftlichen Schwerpunkt sehen die Elektrohandwerke in den langfristigen vertraglichen Bindungen zu den Nutzern, das heißt in der Gründung und im Betrieb einer Leitstelle, entweder allein oder im tätigen Beteiligungsverhältnis.

Das vorliegende Buch geht auf alle wichtigen technischen und wirtschaftlichen Fragen zu TEMEX ein. Dem interessierten Leser wünsche ich gleichermaßen Freude an der Lektüre und Erfolg in der praktischen Umsetzung.

Karl Friedrich Haas
Präsident des Zentralverbandes
der Deutschen Elektrohandwerke

Vorwort der Autoren

Heute nimmt jeder den Einsatz von Mikroelektronik als selbstverständlich hin: ein »Mikro-Controller« in der Waschmaschine steuert die Waschvorgänge und regelt die Temperatur. In einem anderen Fall dreht man nur an einem elektronischen Einstellknopf, um die gewünschte Raumtemperatur vorzugeben, die dann auch bei Frost noch eingehalten wird.
Mikroelektronik stellt im Zusammenhang mit einer modernen Gebäudeleittechnik heute den »Stand der Technik« dar und wird mit sogenannten »speicherprogrammierbaren Steuerungen« (SPS) zur Steuerung und Regelung von Heizungs-, Klima-, Lüftungs- und Beleuchtungssystemen eingesetzt. Zukünftig werden sogenannte »Hausbussysteme« die unterschiedlichen Kommunikationsbedürfnisse im Haus ermöglichen und helfen, komplexe »Haus-Automationssysteme« zu verwirklichen.
Diese Systeme sind in der Regel jedoch nur innerhalb eines Grundstücks wirksam; eine Weitermeldung einer Fernwirkinformation – z.B. einer Störungsmeldung oder eine Grenzwertüberschreitung – an externe Stellen ist in der Regel nicht vorgesehen. Mit dem neuen Fernwirkdienst TEMEX soll diese Marktlücke – eine preiswerte und sichere Fernwirkverbindung vom Grundstück weg zu einer Leitwarte bzw. einem Servicezentrum – geschlossen werden.
Dieses Buch zeigt als Leitfaden für TEMEX-Technik und Anwendungen auf, welche Marktchancen sich dem Anwender durch den neuen kostengünstigen Fernwirkdienst TEMEX im Bereich der Technik (Endgeräte, Installation) und zur Realisierung von »Dienstleistungen« eröffnen und wie eine TEMEX-Anwendung praktisch realisiert werden kann.

1 Einleitung

Der seit langem erkennbare Bedarf, Fernwirkinformationen kostengünstig, schnell und sicher zu übertragen, führte zu einer technischen Neuentwicklung, die von der Deutschen Bundespost unter dem Begriff TEMEX angeboten wird. TEMEX ist ein Kunstwort, abgeleitet aus dem englischen telemetry exchange (Austausch von Fernwirkdaten). Bei dieser Entwicklung handelt es sich um einen Fernwirkdienst für die Übertragung von geringen Datenmengen auf Fernsprechanschlußleitungen. Dabei werden die Fernwirkinformationen zusätzlich mit über die Kupferleitung einer Telefonanschlußleitung übertragen. Grundlage für TEMEX ist somit das vorhandene Telefonnetz. Das Telefon ist heute ein weltweit vertrautes Gerät und in der Bundesrepublik mit über 30 Millionen Exemplaren vertreten. Auf zwei Einwohner kommt also ein Telefon.

Neben dem Telefonnetz, das für die Sprachkommunikation ausgelegt ist, bietet die DBP eine Vielzahl weiterer Dienste an, die für die Text- und Datenkommunikation ausgelegt sind. Aber alle diese Dienstleistungen sind in ihrer Art speziell auf bestimmte Nutzungsarten zugeschnitten und für die Übermittlung von Fernwirkdaten nicht optimal. TEMEX soll hier eine Lücke schließen.

TEMEX funktioniert, ohne daß das Telefonieren beeinträchtigt wird. Mit diesem Verfahren werden die bereits verlegten Kupferkabel doppelt genutzt. Dies führt dazu, daß TEMEX sehr kostengünstig angeboten werden kann. TEMEX hat somit die Chance, eine ähnliche Verbreitung wie das Telefon zu erreichen.

Unter Einbeziehung der Datennetze der DBP und einer speziell für TEMEX entwickelten elektronischen Vermittlungs- und Übertragungstechnik können Fernwirksignale zwischen privaten Endstellen und privaten Leitstellen übermittelt werden. Die DBP beschränkt sich in ihrer Zuständigkeit nur auf die Übertragung des Fernwirksignals zwischen diesen Stellen. Das heißt, TEMEX bietet neue Wachstumsmärkte. Weil die TEMEX-Technik völlig neu ist, beinhaltet sie ein großes Innovations-Potential. Das stellt zwangsläufig hohe Anforderungen an die Wirtschaft. Die Vielfalt der TEMEX-Anwendungsmöglichkeiten erfordert die Entwicklung einer Vielzahl von Endgeräten, und für den Betrieb der Leitstellen müssen neue, TEMEX-geeignete Software-Programme erarbeitet werden.

Auch für Elektrohandwerksunternehmen ergeben sich neue Betätigungsfelder. Der Elektrohandwerker

- muß die TEMEX-Gebäudeinstallation errichten,
- kann in Kooperation mit anderen TEMEX-Leitstellenbetreiber werden und zum Beispiel einen Sicherheits- und Notdienst-Service anbieten, nach dem Motto »Alles aus einer Hand«,
- kann TEMEX-Anpassungselektronik für spezielle Kundenwünsche entwickeln und herstellen.

Investitionen in Fernwirkanwendungen mit TEMEX sind langfristig gesichert, da auch mit Einführung des ISDN der Dienst bestehen bleibt (siehe Kapitel 4.5).

Die Anwendungsmöglichkeiten, die sich durch diesen neuen Dienst ergeben, sind sehr vielseitig. Ob im Handel, in der Industrie, im Verkehrswesen, bei Sicherheitsdiensten, in der Energieversorgung oder auch im privaten Bereich – es gibt wohl keinen Sektor, in dem man mit Hilfe von TEMEX nicht wichtige, bisher aus Kostengründen nicht realisierbare Funktionen erfüllen kann. Beispiele hierzu sind:

- Die Verbrauchsdatenerfassung bei Gas, Wasser, Strom.
- Überwachung von technischen Anlagen.
- Objektsicherung und -überwachung.
- Gebäudeleittechnik.
- Verkehrsleittechnik.
- Notruf- und Sozialdienste.

Das Spektrum der Fernwirkanwendungen ist in seiner Entwicklung noch nicht abgeschlossen und wird sich speziell durch TEMEX sehr schnell weiterentwickeln. Die DBP ist aufgrund von Untersuchungen von einer guten und schnellen Akzeptanz für TEMEX überzeugt.

2 Das Fernwirken

2.1 Was ist Fernwirken

Fernwirken ist der Oberbegriff für alle signalumsetzenden Verfahren, mit denen innerbetriebliche Informationen übertragen werden, die der Überwachung und Steuerung räumlich abgesetzter technischer Einrichtungen dienen. Diese Definition ist ganz allgemein auf das Verfahren als solches bezogen, nicht aber auf eine bestimmte technische Realisierung. Für die Übermittlung von Fernwirkinformationen gibt es eine Vielzahl unterschiedlicher technischer Möglichkeiten.
Fernwirken kann man im Bereich der Übertragungstechnik als Zeichenübertragung in enger Nachbarschaft zur Telegrafie und Datenübertragung ansiedeln. Das Besondere an den Fernwirkzeichen ist jedoch die Bedeutung, die jedem einzelnen Zeichen zukommt. Jedem Fernwirkzeichen ist eine bestimmte, in sich vollständige Aussage zugeordnet. Das Zeichen enthält die Information über einen eindeutig festgelegten Zustand oder Vorgang des überwachten Objektes. Im Bereich der Datenübertragung hat ein einzelnes Zeichen im allgemeinen keine eigene Bedeutung, erst das Wort oder der Satz enthalten eine echte Information. Daraus ergibt sich auch,

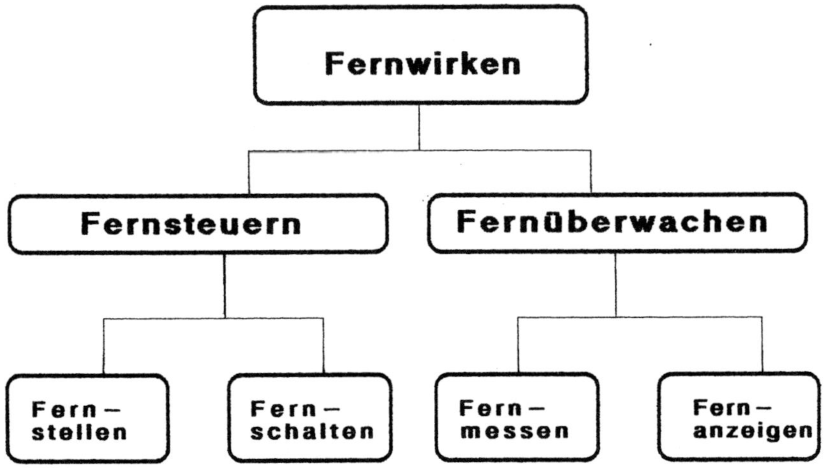

Bild 2.1: Gliederungsschema »Fernwirken«.

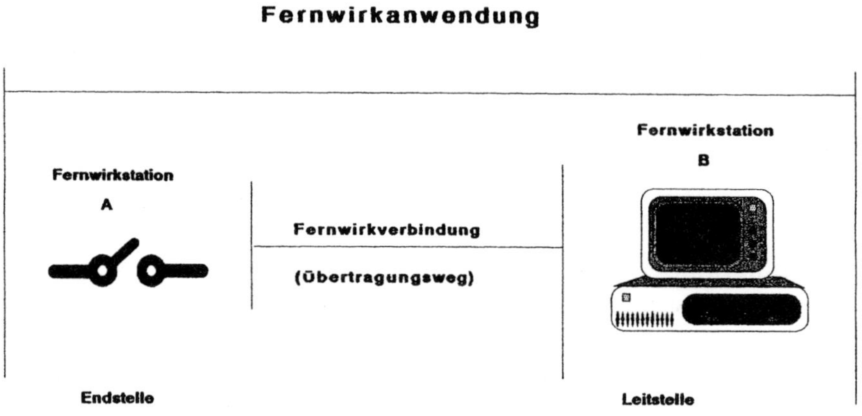

Bild 2.2: Einfache Fernwirkanlage.

daß die Datenmengen bei Fernwirkanwendungen im Vergleich zur Datenübertragung sehr gering sind. Der Begriff »Fernwirken« gilt für jeden Informationsaustausch zwischen einer zentralen Leitstelle und abgesetzten Endstellen. Hierbei unterscheidet man nach der Art und der Richtung der Information verschiedene Zustände; wie sie in Bild 2.1 dargestellt sind.
Der Austausch von Fernwirkinformationen wird durch eine Fernwirkanlage wahrgenommen. Eine solche Anlage hat die Aufgabe, einer zentralen Leitstelle Kenntnisse über bestimmte Vorgänge und Zustände eines Objektes zu vermitteln. Je nach Sachverhalt und Zustand des Objektes kann dann von hier aus steuernd eingegriffen werden. Die einfachste Fernwirkanlage kann aus nur zwei Fernwirkstellen bestehen, die durch einen fest geschalteten Übertragungsweg miteinander verbunden sind (Bild 2.2). Bei größeren Fernwirkanlagen mit mehreren Endstellen und evtl. mehreren Zentralen bilden die Verbindungswege ein Leitungsnetz. Angesichts der vielfältigen Anwendungsfälle bei Fernwirkanlagen kommt der sicheren, schnellen und kostengünstigen Übertragung große Bedeutung zu.

2.2 Die technische Weiterentwicklung

Eine Fernwirkanlage, wie sie unter 2.1 beschrieben wurde, dient allgemein der Zustandsüberwachung. Die Aufgabe der Technik dieser Anlage ist es, Unregelmäßigkeiten der überwachten Anlagen oder Objekte zu erkennen und entsprechende Meldesignale zu einer hilfeleistenden Stelle zu übertragen. Diese Stelle muß dann die Meldung entsprechend analysieren und steuernd eingreifen. Dieses kann durch Alarmmeldung, durch Steuerimpulse zur sendenden Quelle oder durch Weitermeldung der Information an eine andere Stelle geschehen.

2.2.1 Fernwirken ohne TEMEX

Um Fernwirkinformationen zu übertragen, bediente man sich in der Vergangenheit mehrerer technischer Alternativen. Das Spektrum der Fernwirkanwendungen und die dazugehörigen unterschiedlichen technischen Varianten sind sehr umfangreich. Die Übertragungsmethoden und die Übertragungsmedien sind wesentliche Komponenten einer Fernwirkanlage. Es werden hohe Anforderungen an Zuverlässigkeit und schnellstmögliches Reagieren gestellt. Die Technik einer Fernwirkanlage bediente sich deshalb unterschiedlicher Möglichkeiten, die jeweils in Abhängigkeit vom Risiko und vom geforderten Sicherheitsgrad realisiert wurden. Vielfach stand dabei die Zuverlässigkeit der Alarmierung in einem Mißverhältnis zum Risiko.
Für die Übertragung einer Fernwirkinformation zu einer ständig besetzten hilfeleistenden Stelle standen bisher nur die Möglichkeiten einer Postmietleitung oder einer privaten Zusatzeinrichtung im Fernsprechwählnetz (Telefonnetz) der DBP zur Verfügung. Diese Verfahren unterschieden sich im wesentlichen in den monatlichen Gebühren und in der Sicherheit der zu übertragenden Fernwirkinformationen. So wurden für wichtige, risikoreiche Fernwirkinformationen Postmietleitungen benutzt und für nicht so wichtige Anwendungen oder Objekte automatische Telefonwählgeräte. Da die Mietleitungen von Benutzern von der DBP exklusiv Tag und Nacht zur

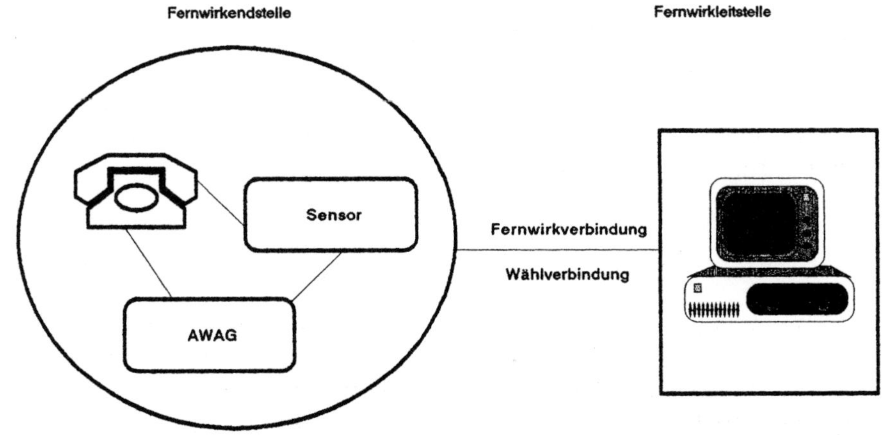

Bild 2.3: Alarmsignalisierung über automatische Wählgeräte (AWAG).

allgemeinen Benutzung zur Verfügung gestellt werden, sind diese Einrichtungen zwar entsprechend teuer, aber dafür sicher.
Dagegen haben die automatischen Wählgeräte (AWAG) den Vorteil, daß sehr niedrige Übertragungskosten anfallen, dafür aber auch keine Garantie besteht, daß die Alarmmeldung übertragen wird. Dieses hängt damit zusammen, daß die Fernwirksignale über ein Wählnetz (Telefonnetz) übertragen werden, das z.B. durch Besetzteinflüsse gekennzeichnet ist (siehe Bild 2.3). Ein weiterer Nachteil dieser Übermittlungsart ist die lange Übertragungszeit für eine Signalübermittlung. Bei einer Signallaufzeit von ca. 45 Sekunden ist dieses Verfahren für zeitkritische Anwendungen denkbar ungeeignet.

2.2.2 Fernwirken mit TEMEX

Überlegungen, Fernwirkinformationen kostengünstig und sicher zu übertragen, führten immer wieder zu technischen Neukonzeptionen. Im Rahmen derartiger Ansätze wurde der Begriff »FEWAS« (Fernwirken auf der Telefonanschlußleitung) geboren. FEWAS war der Projektname im Rah-

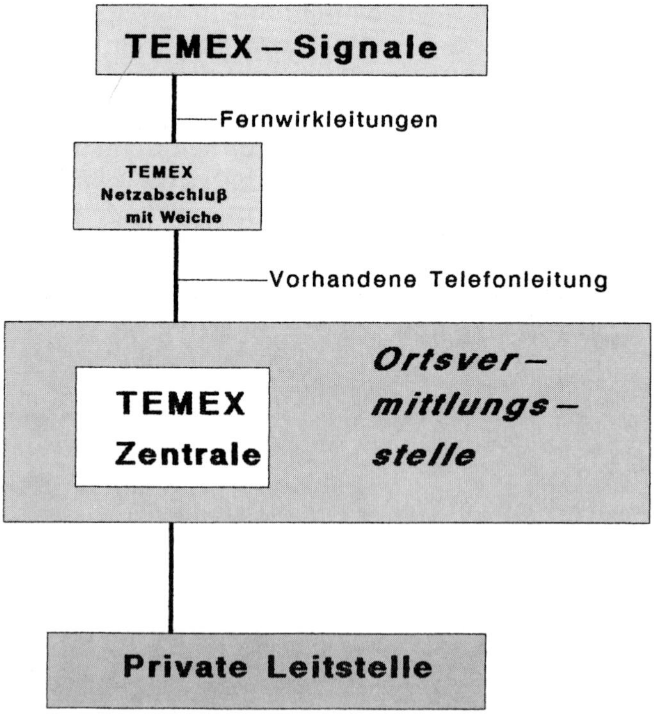

Bild 2.4: TEMEX-Prinzipdarstellung.

men eines Programms »Technische Kommunikation« der Bundesregierung. Dieses Projekt diente der Untersuchung, inwieweit das vorhandene Telefonanschlußnetz parallel und unabhängig vom Fernsprechen für die Übermittlung anderer Signale mitgenutzt werden konnte. Die DBP als Träger der Fernmeldehoheit vergab 1982 drei Entwicklungsstudien an die Fernmeldeindustrie, deren Rahmenvorgaben lauteten:

- Netzkosten sparen, Verlegen von Kabeln sparen.
- Telefonanschlußleitungsnetz mitbenutzen.
- Telefonverkehr nicht beeinträchtigen.
- Optimale Auslastung von Netzsystembausteinen durch Integration mehrerer Anwendungen in einem Übertragungsverfahren.

Die Studie brachte das Ergebnis, daß ein solches System aufgrund der vorhandenen fernmeldetechnischen Infrastruktur wirtschaftlich realisierbar ist (siehe Bild 2.4). Da man hieraus bereits eine interessante Gebührenstruktur ableiten konnte, wurde dieser Neuentwicklung bereits in diesem Stadium eine große Akzeptanz vorausgesagt. Die Ergebnisse der Studien und der Weiterentwicklung des Konzepts führten dann zu dem neuen Begriff »Telemetry Exchange« (Fernwirken, Vermitteln).

2.2.3 Von der Studie zum Seriendienst

Das TEMEX-Angebot der DBP, mit dem die Telefonanschlußleitung zur Übertragung von Fernwirkinformationen mitausgenutzt werden kann, schließt eine Lücke im Bereich der bisherigen Möglichkeiten, Fernwirkinformationen zu übertragen. Charakteristische Merkmale und Vorteile des TEMEX-Verfahrens gegenüber bisherigen Verfahren sind:

- Das TEMEX-Netz ist kein Wählnetz. Bei der Übertragung von Fernwirkinformationen kann es zu keiner Besetztsituation kommen.
- Die Signalübertragung erfolgt über eine logisch fest eingerichtete Verbindung, die ständig überwacht wird.

Die DBP stellt diesen Dienst zur Übermittlung von Fernwirkinformationen künftig in großen räumlichen Bereichen zur Verfügung. TEMEX bietet die Möglichkeit,

- leistungsfähig,
- schnell,
- zuverlässig,
- wirtschaftlich

Fernwirkinformationen zu übertragen. Um den Dienst schnell und wirkungsvoll einführen zu können, bereitete die DBP den Dienst mit zwei System- und elf Betriebsversuchen vor. Während in den Systemversuchen mit einer auf dem Markt befindlichen Technik mit geringem Leistungsumfang der Grundgedanke des TEMEX-Dienstes der Öffentlichkeit präsentiert

TEMEX – Versuchsphase

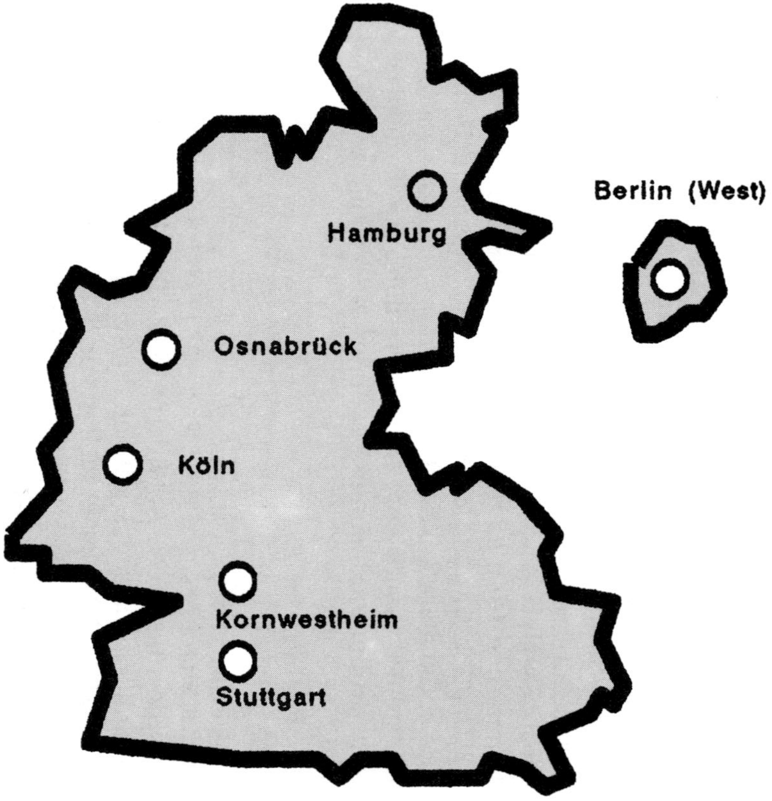

	Standort	Technik – Hersteller
	A. Betriebsversuch	
1	Hamburg	Racal – Milgo
2	Hannover	Racal – Milgo
3	Osnabrück	SEL
4	Münster	Racal – Milgo
5	Dortmund	SEL
6	Köln	SEL
7	Andernach	Racal – Milgo
8	Mannheim	Racal – Milgo
9	Kornwestheim	SEL
10	Stuttgart	SEL
11	Berlin	Racal – Milgo
	B. Systemversuch	
12	München	Autophon
13	Ludwigshafen	ANT
14	Dortmund *)	ANT

*) Betriebsversuch mit Systemversuchstechnik

Bild 2.5: Betriebsversuchsstandorte.

werden sollte, wurden die Betriebsversuche umfassender angelegt. Sie dienten

- dem Finden einer Serientechnik aus zwei firmenindividuellen Angeboten im Rahmen eines Entwicklungswettbewerbes,
- dem Testen und Einbinden von Fernwirkanwendungen in das Angebot TEMEX.

Voraussetzung für die Durchführung der Betriebsversuche waren Interessenten, d.h. Gruppen von Anwendern aus Verwaltung und Wirtschaft, die bereit waren, vorhandene bzw. neue Fernwirkdienstleistungen mittels des TEMEX-Dienstes zu realisieren und zu erproben. Der Beginn der Betriebsversuche wurde offiziell auf den 01. 07. 87 festgelegt. Die von der DBP für die Betriebsversuche festgelegten Konditionen bleiben u.a. aus Gründen der Planungssicherheit der an den Versuchen teilnehmenden Kunden für fünf Jahre nach dem Einführungszeitpunkt gültig; die technischen Einrichtungen der DBP werden bis zu zehn Jahre vorgehalten. Im Rahmen dieser Betriebsversuche (siehe Bild 2.5) werden auch Testmöglichkeiten für private Fernwirkendeinrichtungen und Fernwirkleitstellen bereitgestellt. Die Tests ermöglichen die Überprüfung der Betriebsfähigkeit der auf der Kommunikationsebene angebotenen Schnittstellen. Für die privaten Fernwirkendeinrichtungen, die einer Zulassung durch die DBP bedürfen, gilt für die Betriebsversuchstechnik ein vereinfachtes Zulassungsverfahren (siehe Kapitel 7).

Obwohl die Einstellung der meisten Anwender zu der neuen TEMEX-Dienstleistung der DBP sehr positiv war, gab es eine finanzielle Hemmschwelle, da die Einstiegskosten in dieses Neuland relativ hoch sind. Dies gilt ganz speziell für kleine und mittelständische Organisationen und Betriebe oder soziale Einrichtungen. Um diese Hemmschwelle zu überwinden und die Anlaufphase des Dienstes zu verkürzen, fördert die DBP vom Haushaltsjahr 1987 an den Test von TEMEX-Anwendungen (bei Anschluß an die Betriebsversuchstechnik). Die Förderung erstreckt sich auf:

a) Zuschüsse zur Errichtung, Erweiterung, Änderung oder Umrüstung von TEMEX-Anwenderdatennetzen.
b) Vergünstigungen bei den TEMEX-Gebühren.
c) Unterstützung von anwendungsbezogener Software für Fernwirkendstellen und Fernwirkleitstellen.

Zuwendungsempfänger ist jeweils die Rechtsperson, welche das TEMEX-Anwenderdatennetz betreibt. Hinweise und detaillierte Erläuterungen zu den verschiedenen Möglichkeiten der Förderung und der Beantragung sind unter Kapitel 8.3 (Fördermaßnahmen) zusammengefaßt. Während sich die Förderung zu a und b nur auf die Betriebsversuchsstandorte bezieht, kann die Softwareunterstützung unter c jeder in Anspruch nehmen.

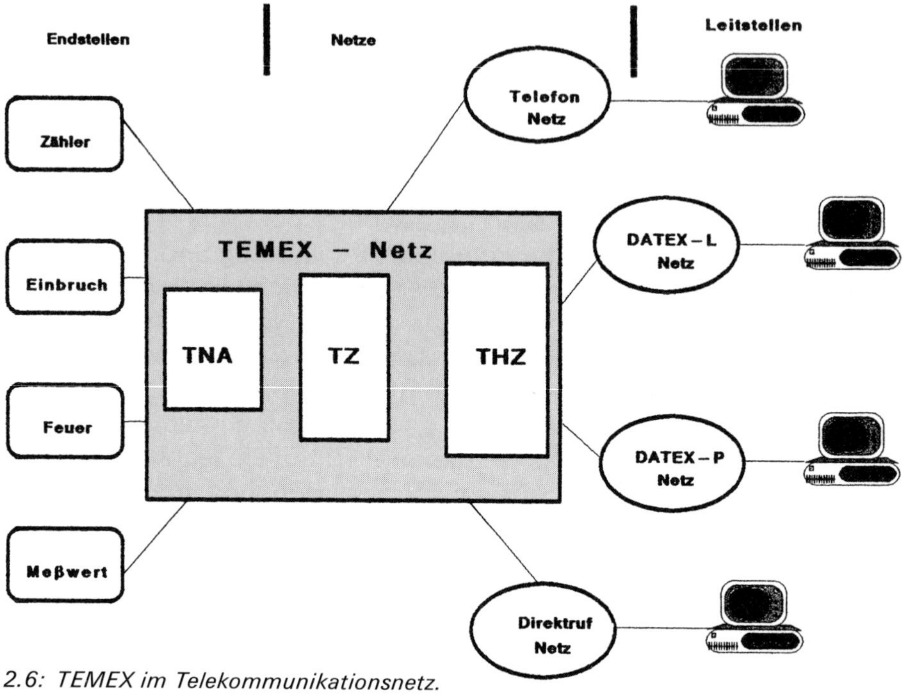

Bild 2.6: TEMEX im Telekommunikationsnetz.

Die bisherigen TEMEX-Betriebsversuche haben gezeigt, daß TEMEX eine Reihe bisher nicht realisierter Dienstleistungen ermöglichen kann. Dieser »Innovationsprozeß« ist noch nicht abgeschlossen. Auch ist im einzelnen nicht immer überschaubar, wer diese Dienstleistungen erbringen wird. Es zeichnet sich jedoch ab, daß im Bereich der Wach- und Sicherheitsbranche und im Gefahrenmeldebereich nicht nur ein großer Markt für TEMEX liegt, sondern daß sich der klassische Aufgabenbereich dieser Branche erheblich erweitern wird.

2.3 Wo steht TEMEX

Die heutige fernmeldetechnische Infrastruktur ist im wesentlichen durch das Vorhandensein von Fernmeldenetzen und Fernmeldediensten gekennzeichnet. Die jeweiligen Netze, wie zum Beispiel das Fernsprechnetz und das Integrierte Text- und Datennetz (IDN), sind verwaltungsmäßig in einem »Telekommunikationsnetz« zusammengefaßt. Die entsprechenden Regelungen für das Benutzen dieser Netze und Dienste sind in einer Rechtsverordnung, nämlich der »Telekommunikationsordnung« (TKO) geregelt. Das

Leistungsvermögen dieser Netze äußert sich durch die Vielzahl von Fernmeldediensten, die über diese Netze abgewickelt werden. Die jeweiligen Dienste haben verschiedene Leistungsmerkmale, die je nach Anforderungsprofil von den Kunden in Anspruch genommen werden können. Die Teilnahme an den öffentlichen Telekommunikationsdiensten wird durch Endstellen ermöglicht, die an Anschlüsse angeschaltet sind.
Soll nun zwischen den Endstellen eine Fernwirkinformation vermittelt werden, so geschieht dieses über Netzknoten. Das öffentliche Kommunikationsnetz dient der Informationsübertragung von Nachrichtenquellen zu Nachrichtensenken, zwischen denen Verbindungen erforderlich sind. Um diese Verbindungen herstellen zu können, werden die Nachrichtenquellen und Nachrichtensenken an die Knotenpunkte, die zur Verbindungsherstellung erforderlich sind, herangeführt. Zu den Netzknoten, als wichtigste Bestandteile des öffentlichen Telekommunikationsnetzes, gehören somit die

- Endstellen als Nachrichtenquellen und Nachrichtensenken,
- Verbindungen zwischen den Endstellen, um eine Telekommunikation zu ermöglichen,
- Anschlüsse, um die Endstellen an die Netzknoten anzuschließen.

Neben den Neuentwicklungen wurden die Fernmeldedienste in den letzten Jahren auch ständig weiterentwickelt und den Kundenwünschen angepaßt. Hier war es besonders das Telefonnetz, das im Bereich des Telekommunikationsnetzes wegen seiner großen Verbreitung immer wieder als Basis für neue Telekommunikationsdienste benutzt wurde. Es gibt aber auch Neuentwicklungen, die nicht nur das Telefonnetz mitbenutzen, sondern die auch noch von anderen Netzen – wie z.B. dem IDN – getragen werden. Hierzu gehört TEMEX. Die Übermittlung der Fernwirksignale zwischen privaten Endgeräten und privaten Leistellen erfolgt unter Mitbenutzung der Telefonanschlußleitung und der bestehenden Datennetze des IDN (siehe Bild 2.6). Der Temexdienst wurde in die Telekommunikationsordnung als ein Telekommunikationsdienst für vermittelte Kommunikation eingegliedert.
TEMEX eröffnet durch sein Preis/Leistungsverhältnis neue Anwendungsgebiete im Bereich der Fernwirk-Telekommunikation. TEMEX ist gegenüber herkömmlichen Verfahren zur Fernwirkübermittlung

- preiswerter,
- sicherer,
- schneller.

3 Das kann TEMEX

3.1 Die TEMEX-Mehrwert-Dienstleistung

Im vorigen Kapitel wurde zum Begriff »Fernwirken« dargestellt, daß eine Fernwirkinformation – der Zustand einer technischen Einrichtung – zu einer Fernwirkleitstelle übertragen wird, um dort ausgewertet zu werden. Es wird jedoch bei den zahlreichen TEMEX-Anwendungen oft der Fall auftreten, daß die Fernwirkinformation nur als »Mittel zum Zweck« dient, um den Zustand einer technischen Einheit bzw. eines Objektes oder Menschen (Kranken bzw. sozialer Notruf) einem »Dienstleistungsanbieter« zu signalisieren, damit er dann – zu dieser Zustandsänderung – eine mit dem Kunden verabredete Kette von Maßnahmen einleitet. Im Zuge dieser Maßnahmen kann dann wieder über TEMEX – in Befehlsrichtung – das Einschalten eines Zusatzaggregates als erste Hilfsmaßnahme realisiert werden. Das TEMEX-Netz ermöglicht also dem Leistellenbetreiber, seinem Kunden als »Dritten« eine TEMEX-Mehrwert-Dienstleistung anzubieten.

Wie kann man sich eine Fernwirkanwendung mit den beteiligten Partnern Post, Dienstleister und Kunde vorstellen? Das Bild 3.1 zeigt zunächst die

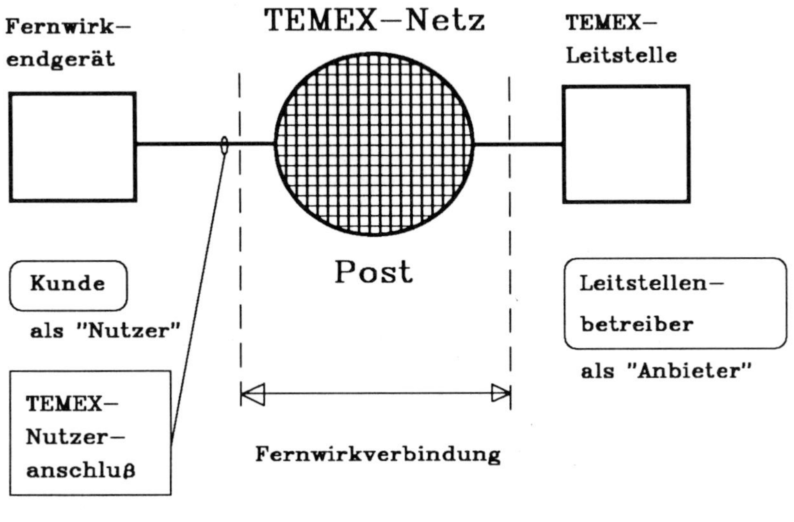

Bild 3.1: Fernwirkverbindung.

technische Fernwirkverbindung zwischen dem Nutzer der Fernwirkdienstleistung (der Kunde), dem TEMEX-Netz der Post und dem Anbieter der Dienstleistung als Leitstellenbetreiber. In der Regel wird der Dienstleistungsanbieter die notwendigen TEMEX-Anschlüsse – den »Nutzeranschluß« des Kunden und seinen »Anbieteranschluß« – bei der Post anmieten, um die Verbindung vom Kunden zu seiner Fernwirkleitwarte zu erhalten.

3.2 Die Vertragspartner

Das Bild 3.2 verdeutlicht noch einmal die Vertragsbeziehungen zwischen dem Kunden, dem Dienstleistungsanbieter und der Post. Der Kunde wird – als eigentlicher Nutzer der Fernwirkdienstleistung – kaum mit der TEMEX-Übertragungstechnik in Berührung kommen. Die Leistungsmerkmale des postalischen TEMEX-Dienstes – z.B. Transaktionsmengen, Gebühren, Schnittstellen – werden daher überwiegend nur für Anbieter einer Fernwirkdienstleistung von Interesse sein. Der Kunde wird sich z.B. im Falle einer Leistungsstörung zunächst – im Rahmen seines Dienstleistungsvertrages – an den Anbieter wenden. Der Anbieter wird dann zwischen den drei Partnern Leitstellenbetreiber, Post und Installationsbetrieb die Beseitigung der Störung abstimmen müssen. Im Kapitel 5 (Realisierung) wird auf planerische Möglichkeiten zur »Absicherung« einer TEMEX-Anwendung eingegangen.

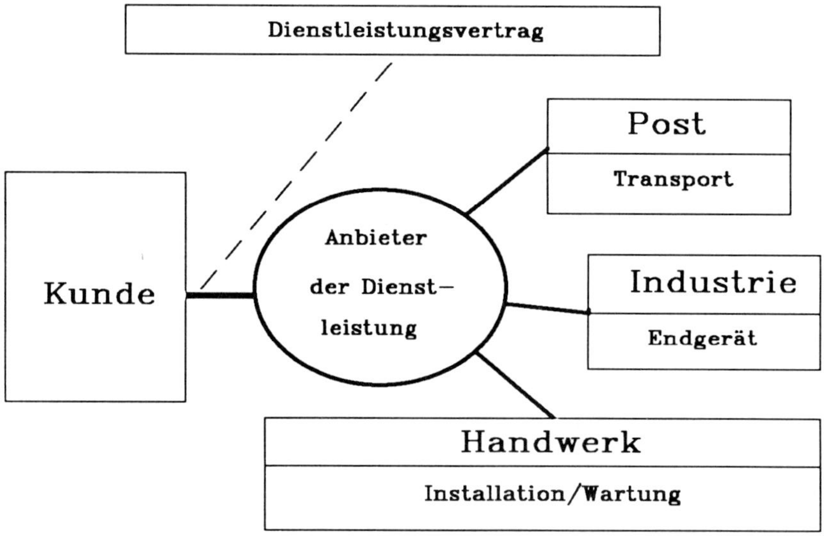

Bild 3.2: Vertragsverhältnisse.

Aus dem Beispiel der Leistungsstörung würde z.B. der Kunde bei einer fehlerhaften Heizkostenabrechnung wenig Verständnis dafür aufbringen, daß angeblich durch eine Vertauschung der »TSS 14m«-Bitgruppen durch die TEMEX-Zentrale der Post an der Leitwarte falsche Heizkostenwerte berechnet wurden. Der Anwendungsplaner wird daher gezwungen sein, alle eventuell auftretenden Fehlermöglichkeiten durch konstruktive und betriebliche Gegenmaßnahmen abzufangen. Dem Stand der Technik entsprechend können Plausibilitätstest im Endgerät, Kontrollbit im Datenprotokoll, Quittungssignale vor Ausführung des Fernwirkbefehls usw. eine TEMEX-Anwendung vor Fehlfunktionen schützen (siehe Kapitel 5). Der Kunde erwartet von seinem Anbieter einen »Service aus einer Hand«.

3.3 Service aus einer Hand

Der Dienstleistungsanbieter kann dem Kunden als »Service aus einer Hand« die Fernwirkdienstleistung – z.B. einen sozialen Notruf – komplett anbieten. Aus dem Bild 3.2 erkennt man, daß die Bereiche Transport (TEMEX-Netz), Endgeräte, Installation/Wartung und die entsprechende Dienstleistung darin enthalten sein können. Die einzelnen Komponenten können durch Zusammenschluß zu einer »Dienstleistungsgesellschaft« von einem Unternehmen bzw. durch Kooperation mit den beteiligten Unternehmungen geleistet werden (siehe auch Kapitel 6).

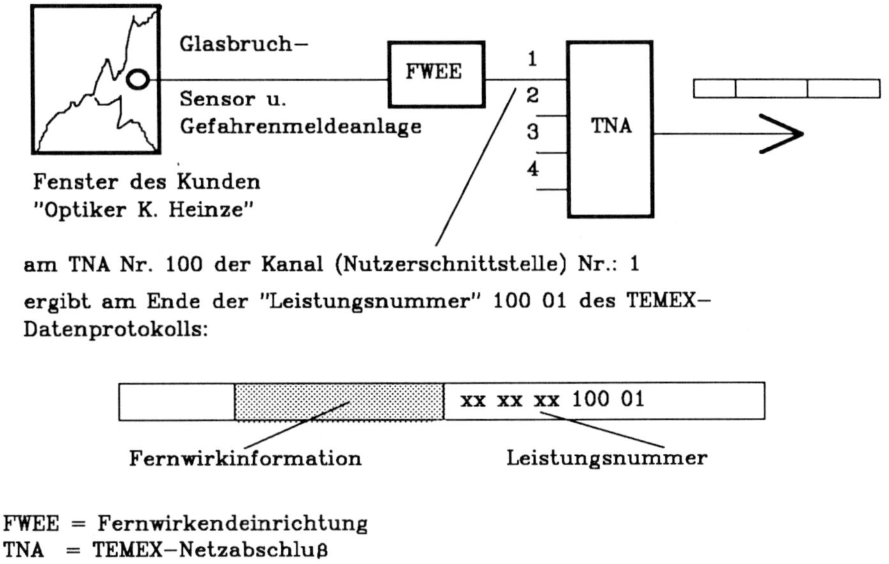

Bild 3.3: TEMEX-Leistungsnummer.

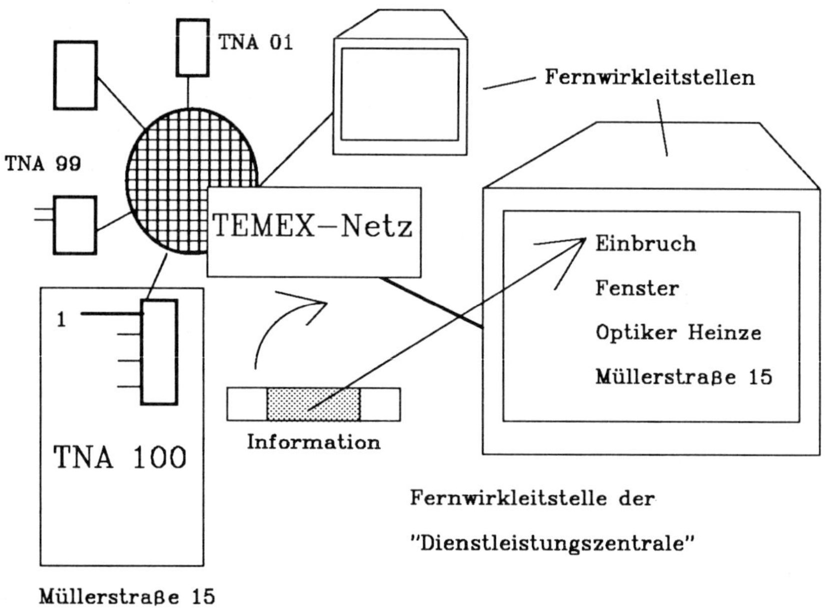

Bild 3.4: TEMEX-Übertragung zur zugeordneten Fernwirkleitstelle.

Bei dem Beispiel des »sozialen Notrufs« wird als »Endgerät« bei dem Kunden ein Funksender mit Empfangseinrichtung und der notwendigen Hausinstallation zur Übertragung bis zum TEMEX-Netzabschluß (TNA) der Post errichtet. Der Dienstleistungsanbieter mietet bei der Post einen geeigneten TEMEX-Nutzeranschluß am TNA (in der Regel im Keller des Wohngebäudes des Kunden) an. Diesem Nutzeranschluß wird – im TEMEX-Rechner bei der Post – wie eine »feste virtuelle Verbindung« die TEMEX-Leitwarte seines Dienstleistungsanbieters zugeordnet.
Das Bild 3.3 zeigt, daß der TEMEX-Fernwirkinformation in dem TNA eine sogenannte »Leistungsnummer« – entsprechend einer Rufnummer im Telefonnetz – zugefügt wird. Im Vergleich zur Telefonverbindung kann jedoch der TNA immer nur eine – nämlich seine zugeordnete – Leitwarte »anrufen«. Der TEMEX-Rechner (THZ = TEMEX-Hauptzentrale) erlaubt in der umgekehrten Richtung, der Leitwarte auch nur über das TEMEX-Netz seine zugeordneten »Kunden-Schnittstellen« – z.B. die erste TSS 11 (neue Bezeichnung Typ A) am TNA im Keller des Wohngebäudes in der Müllerstraße 15 – zu erreichen. Der Aufbau dieser Art »TEMEX-Telefonnummer« wird in dem Kapitel 3.4.5 unter dem Begriff »TEMEX-Schlüssel« noch einmal ausführlicher dargestellt.

In der Fernwirkleitstelle der Dienstleistungszentrale wird dann der Kunde, der diesem TEMEX-Nutzeranschluß (Leistungsnummer) entspricht – z.B. Optiker K. Heinze, Müllerstraße 15, Fensterkontakt – einer entsprechenden »Meldung« zugeordnet. Im Bild 3.4 wird diese Zuordnung als vergrößerte PC-Meldung schematisch dargestellt. Der Kunde hat den Vorteil, daß er nur einen Ansprechpartner hat – den Dienstleistungsanbieter –, mit dem alle Belange abgewickelt werden können.
Der Dienstleistungsanbieter wird für seine Kunden alle Anträge bei der Post abwickeln. Er braucht daher ein gutes Wissen über die Leistungen des TEMEX-Netzes, die zugeordneten technischen Parameter und Preise (Postgebühren). Im folgenden Abschnitt wird deshalb zunächst das TEMEX-Netz mit seinen Komponenten und im Anschluß dann die Leistung (Informationsmengen/Preise) der TEMEX-Schnittstellen dargestellt. Im Kapitel 5 wird dann auf die Planung und Realisierung der Fernwirkanwendung eingegangen.

3.4 Das Netz

In diesem Kapitel werden die TEMEX-Netzstruktur sowie die TEMEX-Netzbausteine in ihrer Art und Funktionsweise beschrieben. Der Temex-Dienst soll Fernwirkinformationen im Netz der DBP übertragen, wobei die Fernsprechanschlußleitung als Teil der Verbindung mitbenutzt werden soll (siehe Bild 3.5). Der Fernsprechverkehr darf dadurch nicht beeinträchtigt werden. Für diese Übermittlung zwischen Fernwirkaußen- und Fernwirkleitstellen stellt die DBP innerhalb ihres Kommunikationsnetzes folgende Einrichtungen zur Verfügung:

- TEMEX-Hauptzentralen (THZ),
- TEMEX-Zentralen (TZ),
- TEMEX-Konzentratoreinrichtungen (TK),
- TEMEX-Netzabschlüsse (TNA),
- TEMEX-Anschlüsse,
- Anschlüsse zur Datenübermittlung und die erforderlichen Übertragungswege.

Eingabe und Auswertung der über diese Einrichtungen zu übermittelnden Informationen bleiben den Teilnehmern (Nutzern und Anbietern) überlassen. Die Struktur der zu übertragenen Daten ist sehr unterschiedlich. Sie kann aus einem einfachen Impuls (Bit) oder mehreren zu 8er-Gruppen (Bytes) zusammengefaßten Impulsen (Bits) bestehen. Neben einfachen Schaltsignalen können unter Verwendung entsprechender Schnittstellen auch »mehrwertige« Informationen übermittelt werden. Je nach Art des TEMEX-Anschlusses werden die Fernwirkinformationen zeitkritisch oder

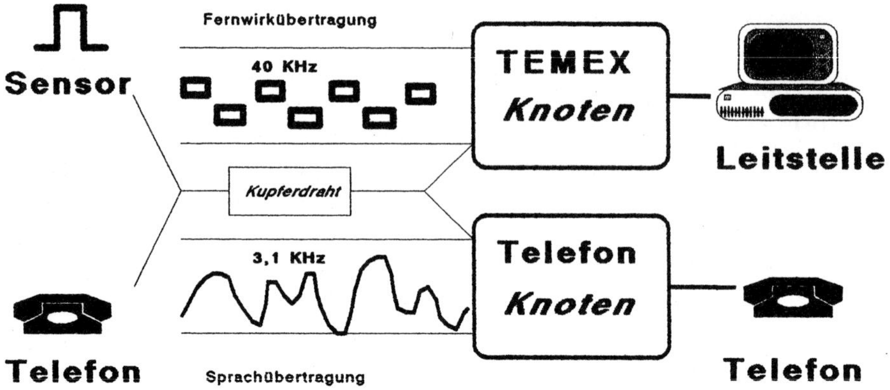

Bild 3.5: Mitbenutzung der Telefonanschlußleitung für TEMEX.

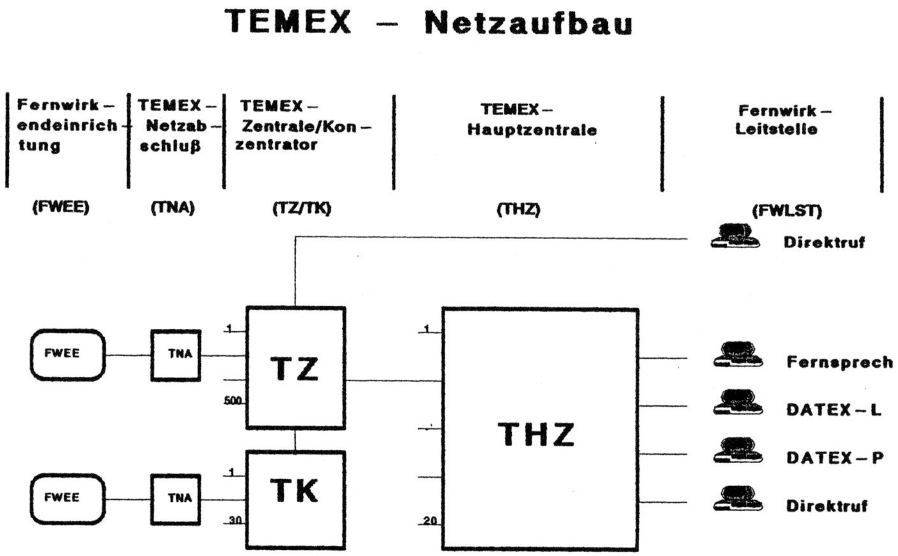

Bild 3.6: TEMEX-Netzaufbau.

zeitunkritisch übertragen. Die TEMEX-Anschlüsse stellen die Verbindung zur zuständigen TEMEX-Zentrale her. Bis zur TEMEX-Zentrale (Netzknoten) wird die Telefonanschlußleitung mitbenutzt. Von hier aus geht die Information weiter über TEMEX-Zentralen und einen geeigneten Kommunikationsdienst zu den Fernwirkleitstellen. Bild 3.6 gibt eine Übersicht über die grundsätzliche Netzkonfiguration.

3.4.1 TEMEX-Netzabschluß (TNA)

Die Daten oder Signale gelangen vom Fernwirkendgerät (Kontakte, Sensoren, Meßgeräte usw.) über eine definierte elektrische Schnittstelle zum TEMEX-Netzabschluß. Die Übertragung der Fernwirkinformation über die Telefonanschlußleitung erfolgt mit Hilfe eines Frequenzmultiplex-Verfahrens. Die analogen Fernsprechsignale (siehe auch Bild 3.5) und die TEMEX-Signale werden in verschiedenen Frequenzbereichen (Telefonieren 300 . . . 3400 Hz, TEMEX bei einer Trägerfrequenz von 40 kHz) übertragen. Im TEMEX-Netzabschluß und in der zuständigen TEMEX-Zentrale am Sitz der Fernsprechortsvermittlungsstelle erfolgt die Trennung der Signale über Frequenzweichen. Der TNA

- stellt die Übergabestelle des TEMEX-Netzes zu den privaten Endgeräten dar,
- bietet leistungsfähige Nutzerschnittstellen für unterschiedlichste Anwendungen.

Die an der TEMEX-Schnittstelle anliegenden Fernwirkinformationen werden in dem TNA zu einem Meldetelegramm zusammengestellt, das an die TEMEX-Zentrale übertragen wird. Der TNA benötigt aufgrund seines geringen Leistungsbedarfs keine Energiezuführung vor Ort, er versorgt sich selber aus einem speziellen Stromkreis über die Anschlußleitung aus der TEMEX-Zentrale. Er ist außerdem aus Sicherheitsgründen mit einem Deckelkontakt versehen, der der TEMEX-Zentrale ein »Öffnen« oder »Schließen« signalisiert. Die Möglichkeiten der Leistungsmerkmale für Nutzerschnittstellen werden gesondert erläutert.
Von dem TEMEX-Netzabschluß gelangen die Telegramme zur TEMEX-Übertragungseinrichtung, die sich in der TEMEX-Konzentratoreinrichtung oder in der TEMEX-Zentrale befindet. In diesen Einrichtungen laufen alle Fernwirkinformationen eines Bereiches zusammen.
Um den unterschiedlichen Kundenanforderungen und dem wirtschaftlichen Netzausbau gerecht zu werden, werden unterschiedliche TNA-Typen entwickelt und hergestellt. Eine Übersicht derzeitiger TNA-Typen geht aus Kapitel 8.4 hervor.

3.4.2 TEMEX-Konzentratoreinrichtung (TK)

Eine Sonderform der Datenkonzentration zum Anschluß an eine TEMEX-Zentrale stellt die TK dar. Die TK wurde aus wirtschaftlichen Gesichtspunkten entwickelt, um TEMEX in Versorgungsbereichen mit geringen Teilnehmerkonzentrationen kostengünstig anbieten zu können. Beim Ausbau der TEMEX-Versorgungsbereiche ist davon auszugehen, daß viele Anschlußbereiche mit vorerst wenigen TEMEX-Teilnehmern entstehen werden,

deren Anzahl erst nach und nach wächst. Die Einsatzfälle der TK sind für Anschlußbereiche mit nur wenigen TNA von Interesse. Mit zunehmender Beschaltung und Erreichen einer Rentabilitätsschwelle kann diese TK dann gegen eine TEMEX-Zentrale ausgewechselt werden. Die TK kann in ihrer derzeitigen Form 32 TNA bedienen. Die TK hat im Netz folgende Funktionen zu erfüllen:
- Funktion zur Leitungskonzentration.
- Sammel- und Verteilfunktion zu FWLST, TNA und TZ.
- Funktionen zur Abwicklung der Kommunikation mit THZ, TZ, FWLST und TNA.
- Anschlußmöglichkeiten von TNA.
- Anschlußmöglichkeiten an eine TZ oder THZ.
- Überwachung der Verbindungsleitungen.

3.4.3 TEMEX-Zentrale (TZ)

Die TZ sammelt eine große Zahl vonTEMEX-Informationen auf der Ebene einer Ortsvermittlungsstelle (siehe auch Kapitel 4.3). In diesem Vermittlungsrechner ist nach dem Prinzip der verteilten Intelligenz nur soviel Leistung eingebaut, wie hier erforderlich ist. Die TZ fragt alle TNA zyklisch ab und leitet diese Informationen über eine 9600-bit/s-Datenleitung des IDN an die THZ weiter. In der TZ sind folgende Leistungsmerkmale realisiert:
- Aus- und Einkopplung der TEMEX-Signale von der Fernsprechanschlußleitung.
- Ständige Überwachung der Verbindungsleitungen.
- Konzentration der für TEMEX mitbenutzten Fernsprechanschlußleitungen und Bearbeitung des ankommenden Verkehrs.
- Ermittlung des Meldungs- und Befehlsempfängers.
- TEMEX-Anbieteranschlüsse.

An eine TZ können im Erstausbau 128 TNA und im Endausbau 512 TNA angeschlossen werden. Außerdem können an eine TZ vier FWLST über einen Direktrufanschluß der Gruppe A (HFD) und vier TEMEX-Konzentratoren angeschaltet werden.

3.4.4 TEMEX-Hauptzentrale (THZ)

Die THZ unterscheidet sich im Aufbau wesentlich von der TZ. Sie ist ein Vermittlungsrechner, der auf der Basis eines multiprozessorfähigen Bussystems arbeitet. Sie ist der verwaltungsmäßige Kopf des Systems und nur an 20 Orten im Bundesgebiet konzentriert aufgebaut. In der THZ sind folgende Leistungsmerkmale integriert:
- Konzentration und Vermitteln des TEMEX-Verkehrs zwischen den TEMEX-Zentralen,

- Sammel- und Verteilfunktionen zu den FWLST, die mittelbar oder unmittelbar an der THZ angeschlossen sind,
- ständige Überwachung der Verbindungsleitungen,
- FWLST-Anschlüsse,
- TZ- und TK-Anschlüsse.

An eine THZ können im Endausbau maximal 160 TZ bzw. TK angeschlossen werden. Gegenüber der TZ bietet die THZ auch FWLST-Anschlüsse über DATEX-L, DATEX-P und das Fernsprechnetz (siehe Bild 3.6) an.
Die hohe technische Konzentration dieser Technik erlaubt es, daß die TEMEX-Netzkomponente nicht in allen 76 TEMEX-Versorgungsbereichen, sondern nur an 20 Standorten errichtet werden braucht (siehe Kapitel 4.2).

3.4.5 Die Vermittlung der Fernwirkinformation

Bei der Auftragsbestätigung des Anschlusses wird dem Teilnehmer und dem Leitstellenbetreiber der zur Identifizierung des Anschlusses wichtige TEMEX-Schlüssel bekannt gegeben. Dieser TEMEX-Schlüssel ergibt sich aus der Adressierung der über die einzelnen Netzstufen des TEMEX-Netzes übermittelten Fernwirkinformation. Im Bild 3.7 wird dieser prinzipielle Ablauf eines Übertragungsvorganges dargestellt. Der Netto-Fernwirkinformation wird zunächst in dem TNA die Adresse der TZ/THZ zugefügt.
In dem THZ-Rechner wird nun die Zuordnung dieser TEMEX-Schnittstelle zu der entsprechenden Anbieterleitstelle vorgenommen. Aus dem Bild 3.8

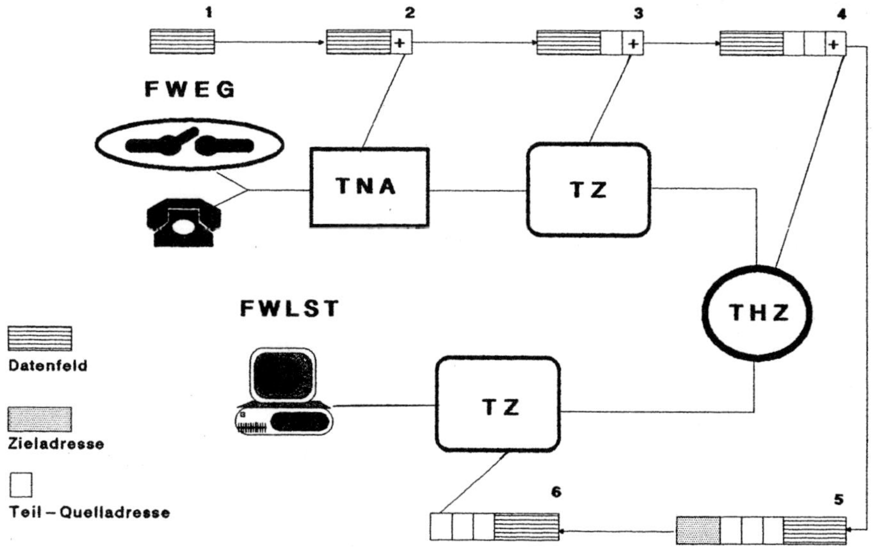

Bild 3.7: Prinzipieller Ablauf des Übertragungsvorganges.

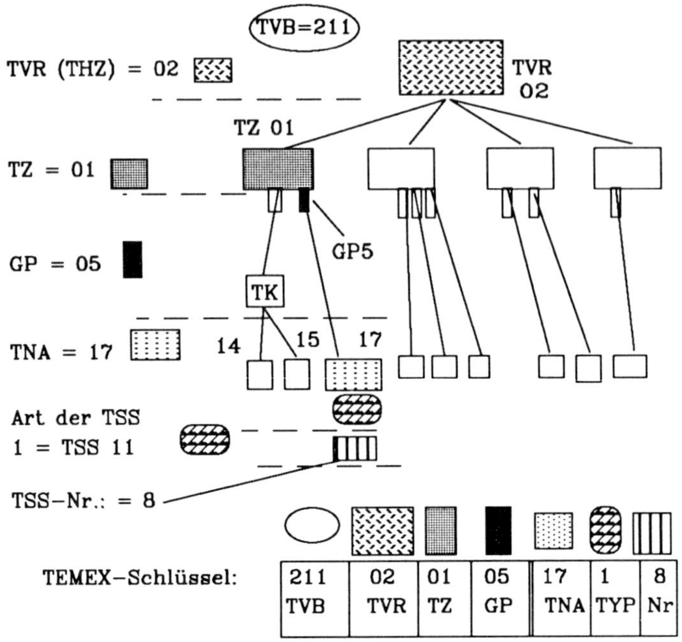

TVB	=	TEMEX–Versorgungsbereich
TVR/THZ	=	TEMEX–Hauptzentrale
TZ	=	TEMEX–Zentrale
GP	=	Gruppenprozessor
TNA	=	TEMEX–Netzabschluß
Typ	=	Art der TSS (1 = TSS 11)
Nr	=	Nummer der TSS am TNA

Bild 3.8: TEMEX-Schlüssel.

kann man entnehmen, daß die 13stellige TEMEX-Schlüsselzahl den TEMEX-Versorgungsbereich, die THZ und TZ bis zur Nummer des TNA und der verwendeten TSS angibt. In der Leitstellensoftware wird dieser TEMEX-Schlüssel zur Identifizierung der eintreffenden TEMEX-Meldung bzw. zur Adressierung der herausgehenden TEMEX-Befehle benötigt.

4 Die Ausbaustrategie der Post

4.1 Allgemeines

TEMEX-Dienstleistungen wurden bisher nur im Rahmen von System- und Betriebsversuchen an bestimmten Orten im Bundesgebiet angeboten (siehe Bild 2.5). In diesen Versuchsstandorten wurden mit einer vereinfachten TEMEX-Technik Erfahrungen gesammelt, die für ein generelles TEMEX-Angebot im Bundesgebiet von größter Bedeutung waren. Diese Erkenntnisse führten auch zu dem Systementscheid der TEMEX-Technik, der nach einem Wettbewerb im Juni 1988 getroffen wurde. Nach dem Entscheid, der zugunsten der Firma Racal Milgo ausging, begannen intensive Planungen für den Netzausbau, der noch 1988 begonnen wurde. Der Wirkbetrieb der Serientechnik mit den neuen Leistungsmerkmalen begann Anfang 1989.
Der TEMEX-Dienst ist ein öffentlicher Telekommunikationsdienst, den jeder zu gleichen Bedingungen in Anspruch nehmen kann, der mit der DBP ein Kundenverhältnis begründet. Die Kunden an den bisherigen TEMEX-System- und TEMEX-Betriebsversuchsstandorten können ihre Fernwirkanwendungen zu den bisherigen Konditionen bis 1996 bzw. 1997 weiter nutzen.
Die Entscheidung der DBP, den TEMEX-Dienste bundesweit zu gleichen Bedingungen anzubieten, bedeutet, daß in den nächsten Jahren die neue Serientechnik bundesweit aufgebaut werden muß. Da diese Maßnahme sehr kostenintensiv ist und eine große Arbeitskapazität bindet, kann der Ausbau nur nach bestimmten planerischen und marktspezifischen Gesichtspunkten ökonomisch vertretbar durchgeführt werden.

4.2 TEMEX-Einzugsbereiche

In Anlehnung an die bisherige Entwicklung des TEMEX-Dienstes und seiner Technik sowie der fernmeldetechnischen Infrastruktur allgemein wurden im Bundesgebiet »TEMEX-Versorgungsbereiche« gebildet. Obwohl das TEMEX-Netz und sein Dienstleistungsangebot seit der ersten Idee im Wachsen und somit Veränderungen unterlegen war, werden sich TEMEX-Anwendungen vorwiegend regional strukturiert entwickeln. Überregionale Anwendungen dagegen werden nur vereinzelt auftreten. Aufgrund dieser Tatsache wurde die Technik so ausgelegt, daß die örtlich aufzubauenden

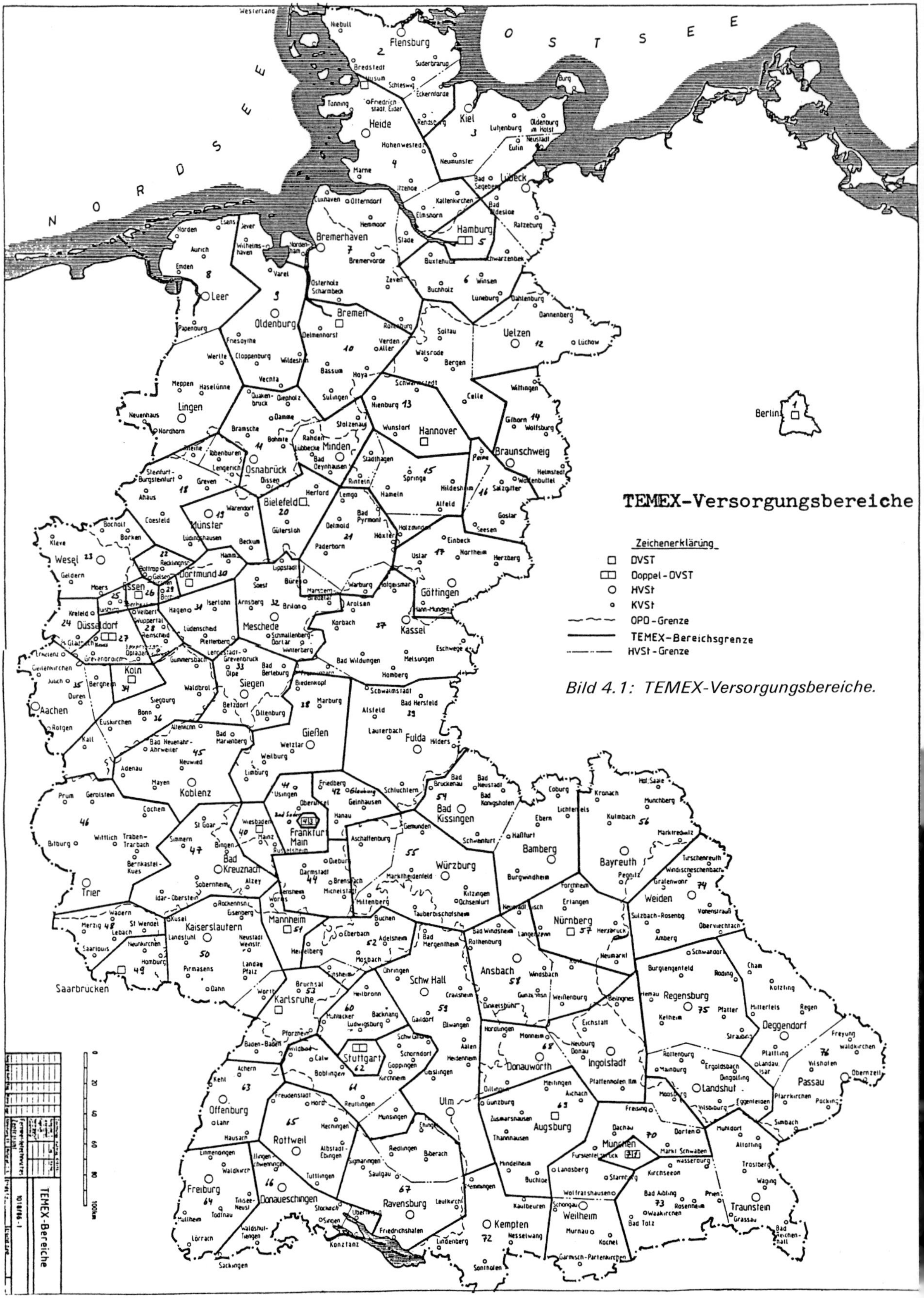

Bild 4.1: TEMEX-Versorgungsbereiche.

Ausbaukonzept der Bundespost zur flächendeckenden Versorgung der Bundesrepublik Deutschland mit TEMEX

Ausbauzeitraum	TEMEX-Bereich	Nr.
4. Quartal 1988	Bad Kreuznach	47
	Bremen	10
	Düsseldorf	27
	Frankfurt	43
	Karlsruhe	53
	München	71
	Nürnberg	57
	Siegen	33
	Wuppertal	28
	Würzburg	55
1. Quartal 1989	Augsburg	69
	Berlin	1
	Duisburg	25
	Essen	26
	Gießen	38
	Hamburg	5
	Kaiserslautern	50
	Kiel	3
	Köln	34
	Osnabrück	11
	Regensburg	75
	Wiesbaden	40
2. Quartal 1989	Aachen	35
	Dortmund	30
	Freiburg	64
	Hagen	31
	Hannover	13
	Koblenz	45
	Lübeck	6
	Mannheim	51
	Münster	19
	Reutlingen	61
	Saarbrücken	49
	Stuttgart	62
3. Quartal 1989	Bielefeld	20
	Bochum	29
	Bonn	36
	Darmstadt	44
noch 3. Quartal 1989	Heilbronn	60
	Hildesheim	15
	Kassel	37
	Recklinghausen	22
	Schwäbisch Hall	59
	Usingen	41
	Weilheim	70
	Wesel	23
4. Quartal 1989	Ansbach	58
	Braunschweig	14
	Konstanz	66
	Flensburg	2
	Hanau	42
	Heidelberg	52
	Krefeld	24
	Meschede	32
	Rottweil	65
	Ravensburg	67
	Saarlouis	48
	Traunstein	73
1. Quartal 1989	Bamberg	54
	Bayreuth	56
	Bremerhaven	7
	Goslar	16
	Göttingen	17
	Kempten	72
	Leer	8
	Offenburg	63
	Oldenburg	9
	Paderborn	21
	Steinfurt	18
	Trier	46
2. Quartal 1990	Passau	76
	Fulda	39
	Heide	4
	Ingolstadt	68
	Uelzen	12
	Weiden	74

Legende für nebenstehende Karte:

Die eingetragenen Nummern beziehen sich auf die in der Tabelle angegebenen Vorsorgebereiche.

DVST: Datenvermittlungsstelle – HVSt: Hauptvermittlungsstelle –
KVSt: Knotenvermittlungsstelle:

Bild 4.2: TEMEX-Ausbauzeiträume.

TEMEX-Zentralen einen Regelzugang für Fernwirkleitstellen haben, mit dem das gesamte Diensteangebot zur Verfügung gestellt werden kann. Für TEMEX-Leitstellenbetreiber, denen dieses Angebot nicht ausreicht, wurden zusätzliche Möglichkeiten geschaffen, nämlich TEMEX-Leitstellen über das DATEX-P-(Wählanschluß der Gruppe P), das DATEX-L-(Wählanschluß der Gruppe L) und das Fernsprechnetz (Wählanschluß mit analogem Anschaltepunkt) anzuschalten.
Da der TEMEX-Grundgedanke davon ausging, die vorhandene fernmeldetechnische Infrastruktur mit zu benutzen, wurde die Bildung der Versorgungsbereiche in Anlehnung an diese Struktur getroffen. So kann man z.B. davon ausgehen, daß dort, wo heute viele Telefonanschlüsse vorhanden sind, auch viele TEMEX-Anschlüsse benötigt werden. Einige wichtige Planungsgrundsätze bei der Bereichsplanung waren deshalb:

- zusammenhängende Wirtschaftsgebiete nicht zu trennen,
- Städte (auch Großstädte) nicht zu trennen,
- ein Versorgungsbereich sollte ca. 200 000 ... 400 000 Telefonanschlüsse umfassen.

Aufgrund dieser Vorgaben sowie anderer Sachzwänge ergaben sich für das Bundesgebiet 76 TEMEX-Bereiche (Bild 4.1). Die unterschiedliche Größenordnung der Bereiche ergibt sich aufgrund der vorgenannten Planungsgrößen. Die Bereiche wurden mit einem Namen und einer Numerierung versehen und in Ausbauabschnitte eingeteilt (Bild 4.2). Dabei sollen die Netzschwerpunkte bereits Anfang 1989 versorgt werden. Die Aktivierung (Ausbaubeginn) aller 76 Bereiche soll 1990 abgeschlossen sein.

4.3 Struktur eines TEMEX-Versorgungsbereiches

Der TEMEX-Dienst dient der Übermittlung von Fernwirkinformationen zwischen einer Fernwirkleitstelle und Fernwirkaußenstellen (Anschlüsse des TEMEX-Dienstes). Der Dienst wird zwischen den Anschlüssen über TEMEX-Konzentratoreinrichtungen (TK), TEMEX-Zentralen (TZ) und TEMEX-Hauptzentralen (THZ) abgewickelt (siehe Bild 3.6). THZ, TZ und TK sind Einrichtungen der DBP und werden in den Netzknoten der DBP aufgebaut. Die Endstelleneinrichtungen, die an die Anschlüsse des TEMEX-Dienstes angeschlossen sind, sind private Einrichtungen des Kunden. Die Schnittstelle zwischen dem öffentlichen Telekommunikationsnetz der DBP und der privaten TEMEX-Endeinrichtung bei der Fernwirkaußenstelle ist die TEMEX-Netzabschlußeinrichtung (TNA), bei den Fernwirkleitstellen entsprechende Netzabschlußeinrichtungen je nach Zugang über die jeweiligen Telekommunikationsdienste (DATEX-L/P).

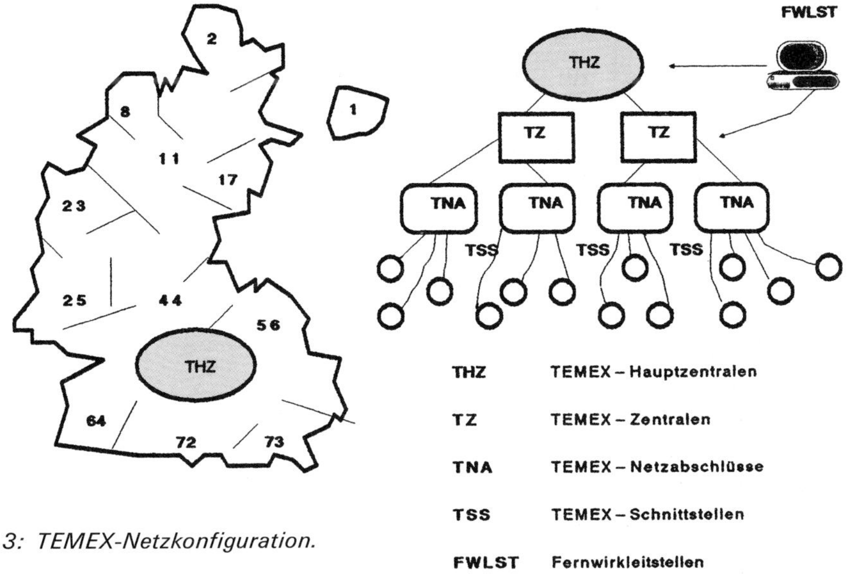

Bild 4.3: TEMEX-Netzkonfiguration.

Die Zusammenschaltung der Einrichtungen (TEMEX-Netzkomponenten) erfolgt sternförmig entsprechend dem Aufbau des Telefonnetzes. Hierzu ist ein kurzer Ausblick auf die Struktur der Netzknoten des Telefonnetzes erforderlich. Das Telefonnetz besteht aus Ortsnetzen, den Fernsprechvermittlungsstellen und den Übertragungswegen zwischen diesen. Ein Ortsnetzbereich umfaßt die Anschlußbereiche einer oder mehrerer Ortsvermittlungsstellen. In kleinen Ortsnetzen gibt es nur eine solche Ortvermittlungsstelle, in großen Städten eine Vielzahl. Jedes Ortsnetz hat einen speziellen Netzknoten, der sich Endvermittlungsstelle nennt. Diese Vermittlungsstelle hat die Aufgabe, den Telefonfernverkehr abzuwickeln. Mehrere Endvermittlungsstellenbereiche gehören zu einem Knotenvermittlungsstellenbereich, mehrere Knotenvermittlungsstellenbereiche zu einem Hauptvermittlungsstellenbereich, mehrere Hauptvermittlungsstellen zu einem Zentralvermittlungsstellenbereich. Bild 4.4 zeigt diesen grundsätzlichen Aufbau des Telefonnetzes.

Für den Aufbau der TEMEX-Netzkomponenten ist der Anschlußbereich (Asb) einer Ortsvermittlungsstelle von Bedeutung. Von diesen Asb, die ein Teilgebiet eines Ortsnetzes (ON) darstellen, gibt es im Bundesgebiet 6 291. Da in diesen Asb die Kupferdrähte der Telefone, über die ja TEMEX betrieben wird, an den Netzknoten der Ortsvermittlungsstelle herangeführt werden, ist hier ein günstiger Ort, auch die TEMEX-Vermittlungsstelle (TEMEX-Zentrale) aufzubauen (siehe Bild 4.5). Bei der Bildung der 76 TEMEX-Ver-

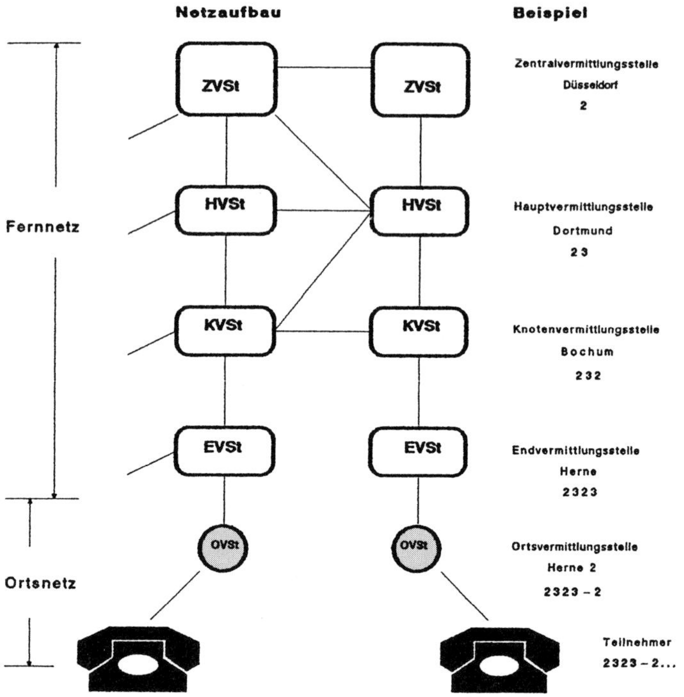

Bild 4.4: Aufbau des Telefonnetzes.

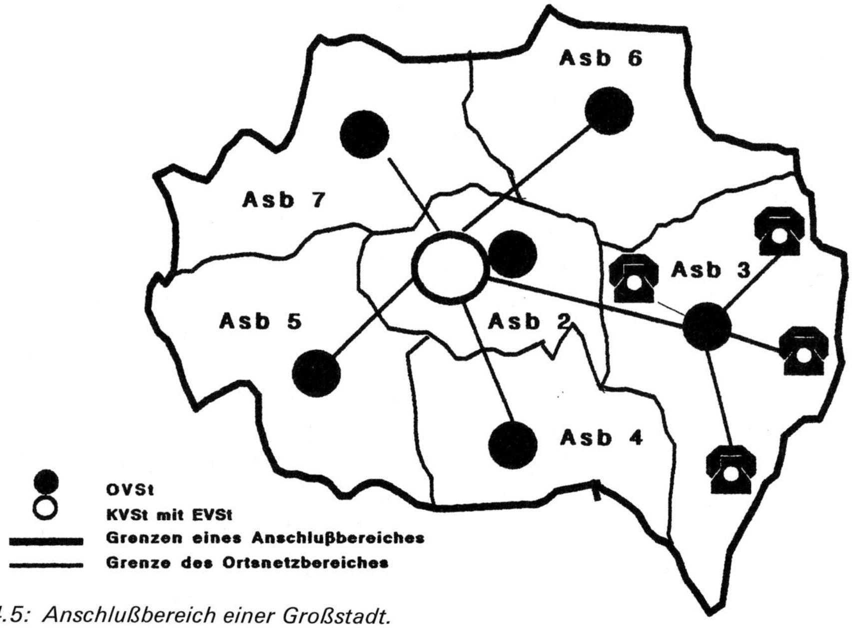

Bild 4.5: Anschlußbereich einer Großstadt.

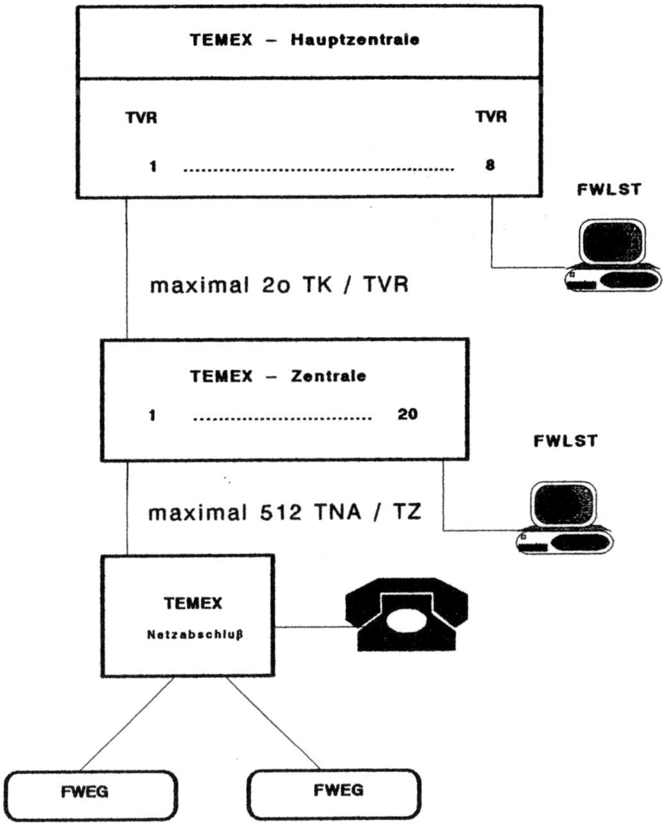

Bild 4.6: Allgemeiner TEMEX-Netzausbau.

sorgungsbereiche war die Anzahl der Asb neben den vorhandenen Telefonanschlüssen eine wichtige Planungsgröße.
Die TEMEX-Serientechnik ist so ausgelegt, daß in Asb, in denen sich kleine Teilnehmerkonzentrationen befinden, TEMEX-Konzentratoren (TK) aufgebaut werden und in Asb mit größeren Teilnehmerkonzentrationen TEMEX-Zentralen (TZ). An diesen Einrichtungen werden die TEMEX-Netzabschlüsse (TNA) angeschlossen. Für spezielle TEMEX-Netzaufgaben, wie z.B. das Konzentrieren und Vermitteln des TEMEX-Verkehrs, ist dann die TEMEX-Hauptzentrale (THZ) zuständig. Da die THZ übergeordnete TEMEX-Netzfunktionen hat, ist der Aufbau nur an wenigen Standorten erforderlich. Eine THZ besteht aus mehreren TEMEX-Vermittlungsrechnern (TVR), die den 76 TEMEX-Versorgungsbereichen fest zugeordnet sind. Die TEMEX-Vermittlungseinrichtungen sind über vorhandene Leitungen des Integrierten Text- und Datennetzes (IDN) miteinander verbunden. Zwei Beispiele sollen diese

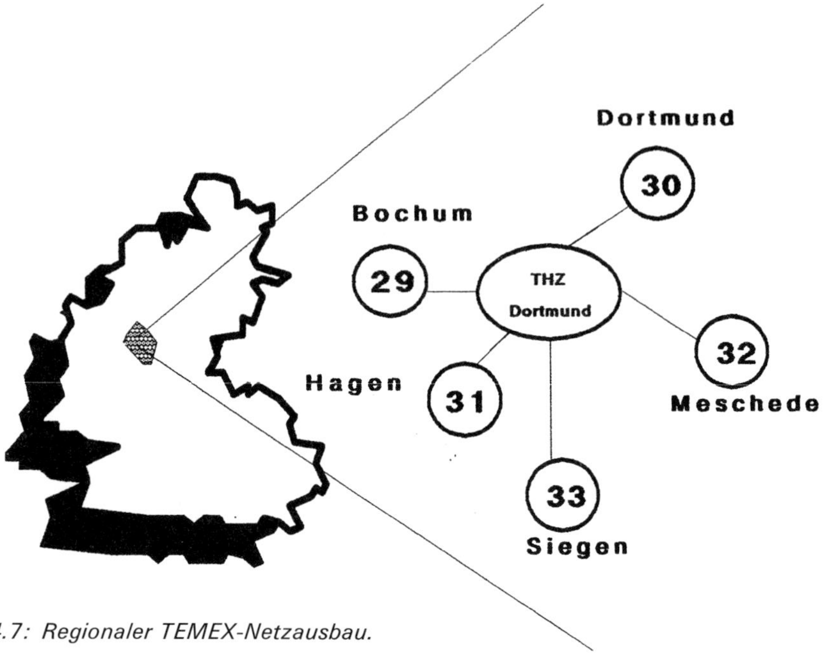

Bild 4.7: Regionaler TEMEX-Netzausbau.

Zusammenschaltungen verdeutlichen. Bild 4.6 zeigt die Struktur für den grundsätzlichen bundesweiten Regelausbau. Bild 4.7 einen regionalen Versorgungsbereich.

4.4 Netzausbau und Vermarktung

Der Aufbau der TEMEX-Hauptzentralen (THZ) ist sowohl vom Umfang als vom Aufbauort festgelegt. In welcher Reihenfolge die 76 Versorgungsbereiche zum Ausbau vorgesehen sind, geht aus Bild 4.2 hervor. Der Ausbau der Anschlußbereiche eines TEMEX-Versorgungsbereichs beginnt immer mit dem ausgewiesenen Quartal-Datum (siehe Bild 4.2) und erfolgt dann bedarfsorientiert über alle Anschlußbereiche.
Das Ziel, TEMEX möglichst schnell zu verbreiten, kann nur durch eine planerisch und marketingmäßig gut durchdachte und vorbereitete Strategie erreicht werden. Die TEMEX-Netzkomponenten müssen in jedem Fernsprechanschlußbereich aufgebaut werden, das heißt bei einer flächendeckenden Versorgung an 6 291 Orten. Diese Maßnahme ist nicht nur mit großen Investitionen verbunden, sondern auch sehr arbeitsintensiv. Zur Vermarktung des TEMEX-Dienstes sind insbesondere in der Einführungsphase erhöhte Anstrengungen erforderlich. Die DBP hat für diese Aufgabe

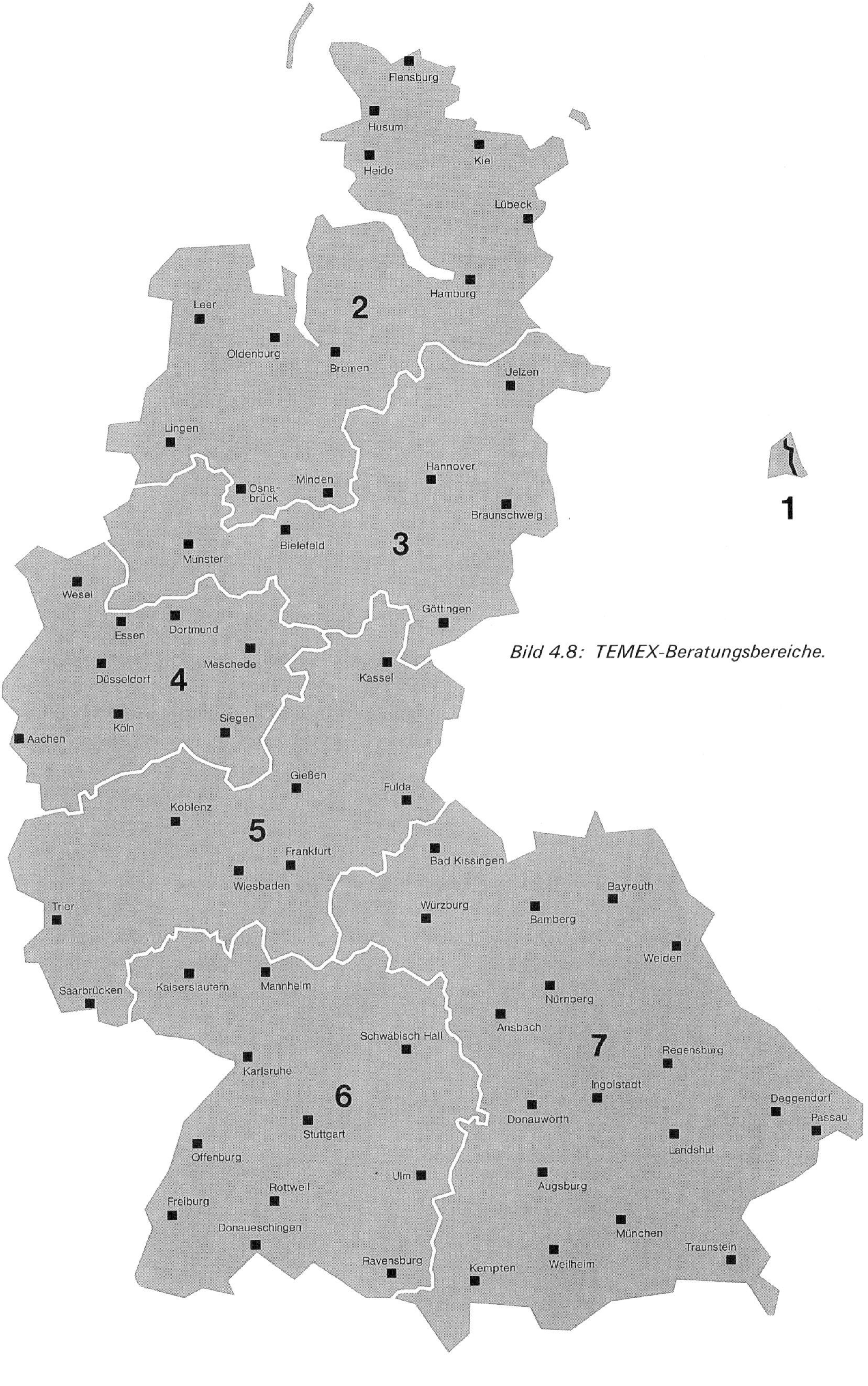

Bild 4.8: TEMEX-Beratungsbereiche.

eine besondere Organisation mit TEMEX-Spezialisten geschaffen. Bei jedem Fernmeldeamt gibt es einen örtlichen TEMEX-Beauftragten zur Kundenbetreuung und Kundenberatung.
Darüberhinaus wurden an sieben Orten im Bundesgebiet TEMEX-Spezialistengruppen eingerichtet, die die örtlichen Berater durch ihr Spezialwissen unterstützen und bei der Errichtung von TEMEX-Anwenderdatennetzen mitwirken. Die geografische Aufteilung der sieben Beratungsbereiche ist auf Bild 4.8 dargestellt. Die TEMEX-Experten werden mit ihren Kontaktadressen demnächst von der DBP bekanntgegeben. Neben diesen Experten wurden in Köln und München TEMEX-Zielgruppenmanager geschaffen, die bundesweit für bestimmte TEMEX-Teilmärkte zuständig sind.
Sie stellen Ansprechpartner für Verbände der Anwender und wirken koordinierend zwischen Endgeräte- und Leitstellenherstellern einerseits und Dienststellen der DBP, wie dem »Fernmeldetechnischen Zentralamt« und der »Zentralen Zulassungsstelle für Fernmeldetechnik« andererseits. Des weiteren ist in Köln ein Team, welches speziell für TEMEX betreffende Werbung, Messen und Ausstellungen verantwortlich ist. Die Kontaktadressen dieser Sonderstellen sind in Bild 4.9 aufgeführt.
Das Ziel der DBP, bis 1990 für TEMEX im gesamten Bundesgebiet die zentrale Infrastruktur zu schaffen, läßt sich nur durch einen planerischen und aufbaumäßigen »Kraftakt« erreichen. Die TEMEX-Technik wird bedarfsorientiert dort aufgebaut, wo Kundeninteresse vorhanden ist. Da die Vorlaufzeiten für den Aufbau eines TEMEX-Anwenderdatennetzes sowie den TEMEX-Netzausbau viel Zeit in Anspruch nehmen, ist ein rechtzeitiges Koordinieren zwischen der DBP und einem Dienstleistungsanbieter angebracht. So kann gewährleistet werden, daß bestimmte Anschlußbereiche, an deren Anbindung die Dienstleistungserbringer auf Grund einer großen lokalen Nachfrage ein besonderes Interesse haben, eine vorrangige Behandlung erfahren. Der Normalausbau der TEMEX-Netzknoten erfolgt nach einem festgelegten Planungs- und Vermarktungskonzept, welches nach wirtschaftlichen und marktorientierten Gesichtspunkten aufgestellt wurde. Dieses Konzept wird für jeden der 76 TEMEX-Einzugsbereiche erstellt und immer den aktuellen Gegebenheiten angepaßt. Die Ausbauzeitpunkte der entsprechenden Fernsprechortsnetze können bei den TEMEX-Experten der betreffenden Fernmeldeämter erfragt werden.
Der Regelausbau aller 76 Bereiche vollzieht sich nach den gleichen Grundsätzen. Jedem Bereich wird nach der Erschließung eine Grundversorgung an TEMEX-Technik für bestimmte Anschlußbereiche zugestanden. Die zuständigen Fernmeldeämter legen diese Bereiche aufgrund ihrer Kenntnisse über Kundennachfragen fest. In diesen Bereichen kann begonnen werden, TEMEX zu vermarkten. Die Ausdehnung auf weitere Anschlußbereiche

A. ***Für die Bereiche Gefahrenmelde-anlagen, Hausnotruf und andere einfache Meldungen ist zuständig:***

Projektgruppe 24 P
Oberpostdirektion München
Postfach 800001
8000 München
Telefon: (089)5588-2454

B. ***Anwendungen wie Verbrauchsdaten-erfassung und andere komplexe Mel-dungen sowie Werbung, Messen und Ausstellungen betreut:***

Projektgruppe 24 P
Oberpostdirektion Köln
Postfach 109101
5000 Köln 41
Telefon: (o221)499-3117

Bild 4.9: Kontaktadressen Projektreferate 24 P.

erfolgt bedarfsorientiert nach wirtschaftlichen Gesichtspunkten. Um auch möglichst kurzfristig auf Kundenwünsche reagieren zu können, wurden von der DBP mobile TEMEX-Zentralen eingesetzt. Mit diesen Einrichtungen kann TEMEX sofort in einem Anschlußbereich benutzt werden. Der zeitaufwendige Regelausbau kann kann später nachgezogen werden.

4.5 Weiterentwicklung von TEMEX

Die heutige TEMEX-Technik ist auf der Grundlage der vorhandenen Fernmelde-Infrastruktur entwickelt und angepaßt worden. Da das Fernmeldewesen sich weltweit in einem Umbruch befindet, kann sich auch die DBP Neuentwicklungen nicht verschließen. Die DBP folgt mit ihrem Konzept zur Weiterentwicklung der Fernmelde-Infrastruktur den internationalen Be-

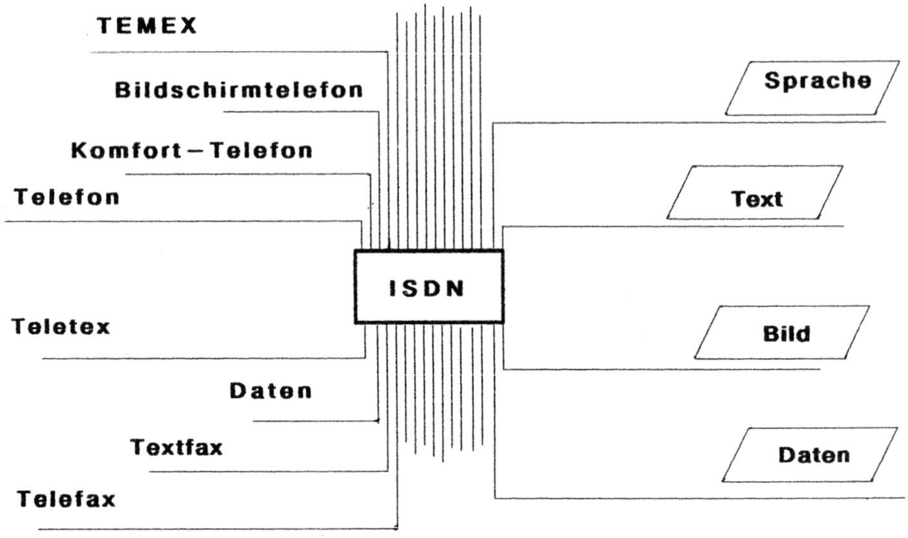

Bild 4.10: Möglichkeiten der So-Schnittstelle.

mühungen, verschiedene Fernmeldedienste – neben dem Telefonieren – in einem Netz zusammenzufassen. Hierzu gehört auch ein grundlegender Technikwechsel. So wurde bereits 1979 die Grundsatzentscheidung getroffen, das Telefonnetz mit Vorrang zu digitalisieren. Als Basis dient hierzu der digitalisierte Sprachkanal mit einer Übertragungsgeschwindigkeit von 64 kbit/s. Diese Digitalisierung, die gegenüber den heutigen Verfahren große Vorteile bietet, ist der erste Schritt zum dienstintegrierten digitalen Fernmeldenetz ISDN (Integrated Service Digital Network). Die wichtigsten Merkmale des ISDN-Anschlusses sind:

- Jedem Kunden stehen zwei Nutzkanäle von 64 kbit/s zur Verfügung sowie ein Zeichenkanal von 16 kbit/s.
- Der Anschluß wird mit So-Schnittstelle bezeichnet (siehe Bild 4.10) und hat eine einheitliche Kommunikationssteckdose für alle Dienste, an die über eine Busleitung bis zu 8 unterschiedliche Endgeräte angeschlossen werden können.
- Der ISDN-Basisanschluß ist durch eine einheitliche Rufnummer für alle auf diesem Anschluß betriebenen Dienste gekennzeichnet (siehe Bild 4.11).

Viele Entscheidungsträger in Industrie- und Dienstleistungsunternehmen stehen vor der Frage: »Was wird mit TEMEX, wenn zu der digitalen Vermittlungstechnik im Laufe der 90er Jahre mit Einführung des ISDN auch eine digitale Übertragungstechnik auf der Anschlußleitung zum Einsatz kom-

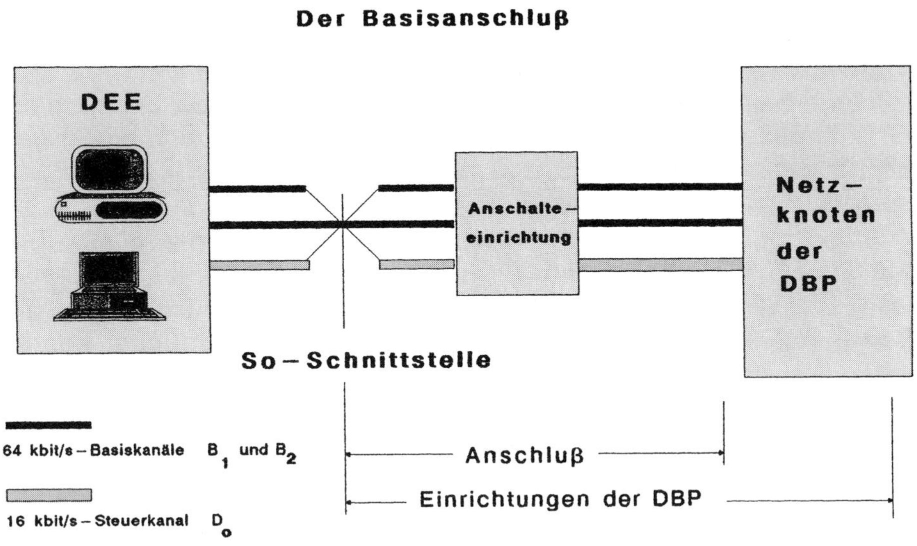

Bild 4.11: Der Basisanschluß.

men wird?« Die Sorge der Investoren ist verständlich, kann aber ohne weiteres ausgeräumt werden, denn die DBP hat ein Lösungskonzept für TEMEX im ISDN.

- Sämtliche bisherigen TEMEX-Leistungsmerkmale sind weiterhin verfügbar. Bis nach der Jahrtausendwende wird niemand dazu gezwungen sein, an einer jetzt installierten Anlage etwas zu ändern, wenn er es nicht wünscht. Auch in absehbarer Zukunft können Meldungen über die analoge Telefon-Kupferleitung über den TEMEX-Netzanschluß (TNA) empfangen oder abgesetzt werden.
- Nach Vorhandensein von ISDN-Anschlußleitungen sind Anschlußmöglichkeiten von TEMEX-Nutzern und -Anbietern möglich. Erscheint es dem Nutzer oder Dienstanbieter sinnvoll, an Stelle eines TNA eine So-Schnittstelle einzusetzen, so kann er trotzdem TEMEX anwenden. Dazu muß entweder eine neue bzw. modifizierte Fernwirkendeinrichtung eingerichtet werden, oder es wird einfach ein Adapter zwischengeschaltet. Da sich die Integration der heutigen Datendienste im ISDN vorwiegend auf der Anschlußleitung vollzieht, bleiben die Leistungsmerkmale von TEMEX erhalten. Die TEMEX-Signale werden auch nach Einführung des ISDN von der bisherigen TEMEX-Zentralentechnik weitergeleitet.

Zusammenfassend kann man die sich vollziehende Umstellung auf das ISDN in folgenden Schritten vorstellen:

Erster Schritt:

Bedarfsweise Umstellung der Anschlußleitung zwischen TEMEX-Zentrale und TEMEX-Netzabschluß, d.h. Anschluß von TNA mit So-Schnittstelle. Die Schnittstellen und Funktionen des TNA entsprechen den bisherigen. Vorhandene Fernwirkendgeräte und -einrichtungen können weiterverwendet werden.

- Bedarfsweise Umstellung der Anschlußleitung zwischen TEMEX-Zentrale und TEMEX-Netzabschluß, d.h. Anschluß von TNA mit So-Schnittstelle. Die Schnittstellen und Funktionen des TNA entsprechen den bisherigen. Vorhandene Fernwirkendgeräte und -einrichtungen können weiterverwendet werden.
- Beibehaltung der analogen Verbindungen zwischen TEMEX-Vermittlungsstellen und Fernwirkleitstellen.

Zweiter Schritt:

- Umstellung der Anschlüsse der Fernwirkleitstellen auf das ISDN, d.h. Fernwirkleitstelle mit So-Schnittstelle.

Dritter Schritt:

- Umstellung der Anschlüsse zwischen den TEMEX-Vermittlungsstellen auf das ISDN. Jetzt erfolgt die Kommunikation der TEMEX-Netzkomponenten über überwachte permanente Paketverbindungen im D-Kanal der digitalen Anschlußleitung. Der D-Kanal ist der Zeichengabekanal von 16 kbit/s, in dem auch paketorientierte Telemetriedaten (Fernwirkinformationen) übermittelt werden können. Er dient u.a. der Steuerung und Überwachung des So-Basisanschlusses.

5 Die Realisierung

5.1 Die Planung

5.1.1 Aufgabenklärung

Im Verlauf einer Problemlösung eines »Fernwirksystems« stellt sich die Frage: Wie können die Fernwirkinformationen günstig, schnell und sicher übertragen werden? Da TEMEX eine Übertragungsmöglichkeit für typische Fernwirkinformationen im Wettbewerb zu anderen alternativen Übertragungsmöglichkeiten bietet, sollte im Rahmen einer Aufgabenerklärung zunächst festgestellt werden, ob die geplante Anwendung in das Anforderungsprofil von »TEMEX« hineinpaßt.
Der Anwender sollte daher in der erforderlichen Planungsphase zusammen mit dem »TEMEX-Experten« (z.B. der zukünftige Dienstleistungsanbieter bzw. der Installations-Fachbetrieb) zunächst zur Fernwirkanwendung die im Bild 5.1 dargestellte Aufgabenklärung vornehmen. Nach der Festlegung

Aufgabenklärung der Fernwirkanwendung		
A	Zielsetzung	– Kostenreduktion – humane Ziele – organisatorische Ziele
B	Bezugsbereich	– Grundstück/Ortsteil – Stadt – Bundesrepublik
C	Zeit/Mengengerüst	– Informationsgehalt – Transaktionsmenge/Monat – Zeitkritisch
D	Vorgaben	– anwendungsspezifische – betriebliche – gesetliche/politische

Bild 5.1: Aufgabenklärung zur Übertragung von Fernwirkinformationen.

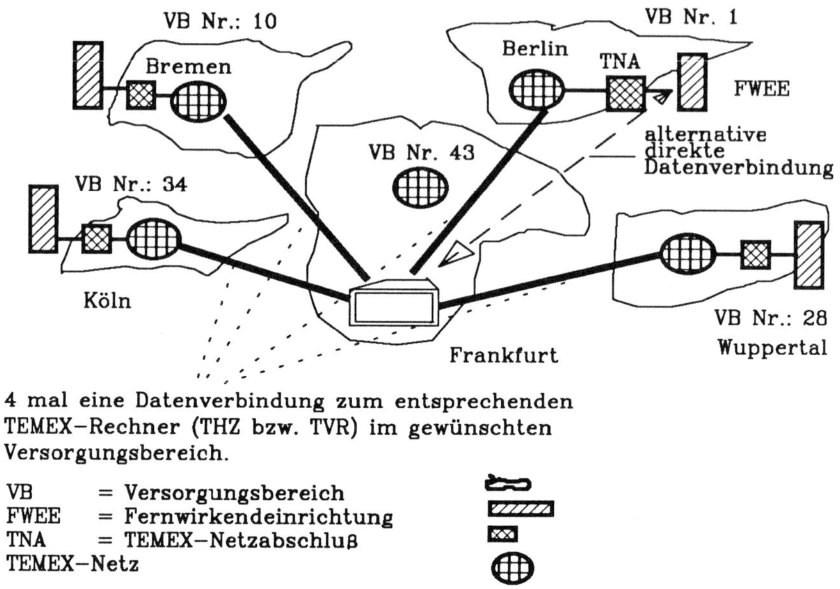

Bild 5.2: Anwendungsbeispiel für 4 Produktionsanlagen.

der mit der TEMEX-Fernwirkanwendung zu realisierenden Ziele sollte als nächster Schritt die Klärung des Bezugsbereichs erfolgen. Da TEMEX – wie in den vorangehenden Kapiteln bereits erläutert – in TEMEX-Versorgungsbereichen angeboten wird, sollte die Untersuchung des Bezugsbereichs helfen, den Aufwand zur Realisierung der Fernwirkanwendung mit TEMEX entsprechend der erforderlichen Zugänge zum TEMEX-Rechner darzustellen. Im Bild 5.2 ist hierzu als Beispiel die im Bezugsbereich »bundesweit« dargestellte Fernwirkanwendung »Überwachung von vier Produktionsanlagen« eines Industriekunden dargestellt.

5.1.2 Der Bezugsbereich der Anwendung

Aus dem Bild 5.2 ist ersichtlich, daß die Fernwirkinformation zwar innerhalb der vier Versorgungsbereiche Bremen, Berlin, Köln, Wuppertal im TEMEX-Netz kostengünstig übertragen wird, zur Übertragung zu einer zentralen Leitwarte (hier in Frankfurt) jedoch jeweils eine Datenverbindung benötigt wird, z.B. Datex-L, Datex-P. bzw. Direktrufverbindung. Da das TEMEX-Netz z.Z. keine »Vermittlungsfunktion« zwischen den Versorgungsbereichen erlaubt, wird es dem Anwender nicht ermöglicht, seine TEMEX-Leitwarte einfach an die nächstgelegene TEMEX-Zentrale der Post – in diesem Beispiel Frankfurt – anzuschließen, um dann bundesweit

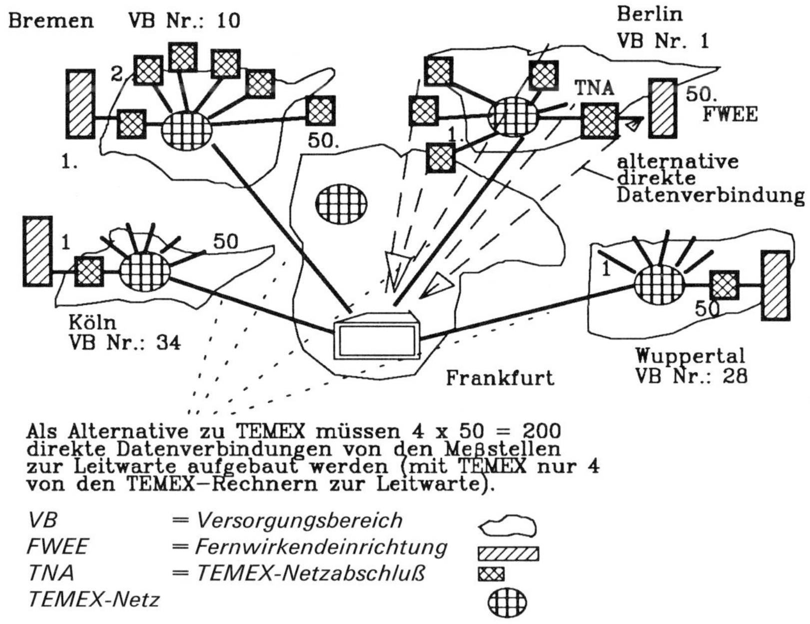

Bild 5.3: Anwendungsbeispiel für »4 × 50 Meßstellen«.

TEMEX-Anschlüsse zu erreichen. Der Planer sollte daher bei diesem Beispiel erwägen, ohne TEMEX die Fernwirkinformationen – direkt z.B. über Datex-P – von den vier Produktionsanlagen auf seine zentrale Leitwarte zu übertragen (im Bild 5.2 für Berlin gestrichelt eingezeichnet). Wenn innerhalb der angesprochenen Versorgungsbereiche jedoch die kostengünstige Konzentration bzw. Verteilfunktion des lokalen TEMEX-Netzes in Anspruch genommen wird, sind alternative Übertragungsmöglichkeiten schnell – ab wenigen TEMEX-Kunden pro Versorgungsbereich – unwirtschaftlicher.

In dem zweiten Beispiel (Bild 5.3) werden in den vier Versorgungsbereichen jeweils an 50 Meßstellen Umweltgrenzwerte überwacht. Die Informationen der 50 Meßstellen werden innerhalb des jeweiligen TEMEX-Versorgungsbereichs per »Sammelauftrag« abgerufen und in einem »Paket« – als Meßwerte des entsprechenden Gebiets – an die Zentrale übermittelt. Die TEMEX-Leitstelle benötigt dafür je TEMEX-Versorgungsbereich einen Zugang. Bei einer Anbindung der Fernwirkleitstelle über eines der Datenwähl-Netze Datex-L bzw. Datex-P wählen die TEMEX-Zentralen den Leitstellenanschluß an, übertragen die Daten des Sammelauftrags und brechen die Verbindung wieder ab. Der Anwender wird zwar mit der jeweiligen Verbindungsgebühr – TEMEX-Rechner zur Leitstelle – von der Post belastet, kann sich jedoch die – ohne TEMEX erforderlichen – 4 × 50 (Meßstellen) Grund-

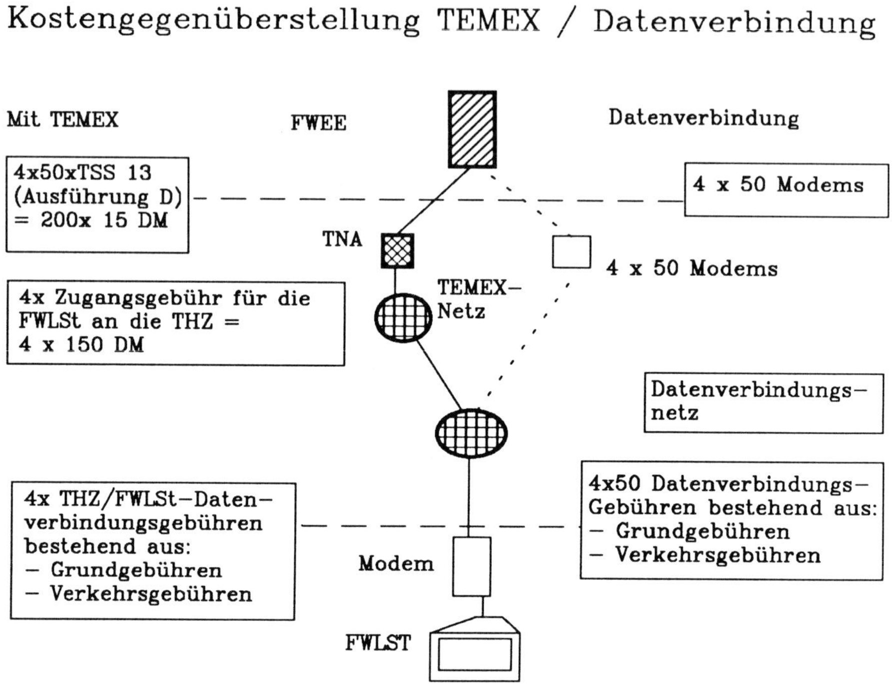

Bild 5.4: Verbindungskosten: »4 × 50 Meßstellen«.

gebühren für eine Datenverbindung einsparen. Dieses zweite Beispiel zeigt, daß trotz des überregionalen Bezugsbereichs die TEMEX-Netzstruktur zur kostengünstigen Realisierung beiträgt.
Im Bild 5.4 werden in einer vereinfachten Kostendarstellung die unterschiedlichen Kostenanteile zur Übertragung der Fernwirkinformationen – mit bzw. ohne TEMEX – dargestellt. Es ist ersichtlich, daß TEMEX nur dann kostengünstiger ist, wenn die Summe aller Postgebühren – TEMEX-Gebühren FWEE-TNA-THZ plus THZ-FWLST-Verbindungsgebühren – weniger betragen als eine alternative direkte Datenverbindung von der Fernwirkendeinrichtung (FWEE) zur Fernwirkleitstelle (FWLST).

5.1.3 Das Zeit/Mengengerüst

A. Erfassen der Ist-Situation

Im nun folgenden Planungs-Schritt C (siehe Bild 5.1), Zeit/Mengengerüst sollte überprüft werden, ob die geplante Fernwirkanwendung in das – z.Z.

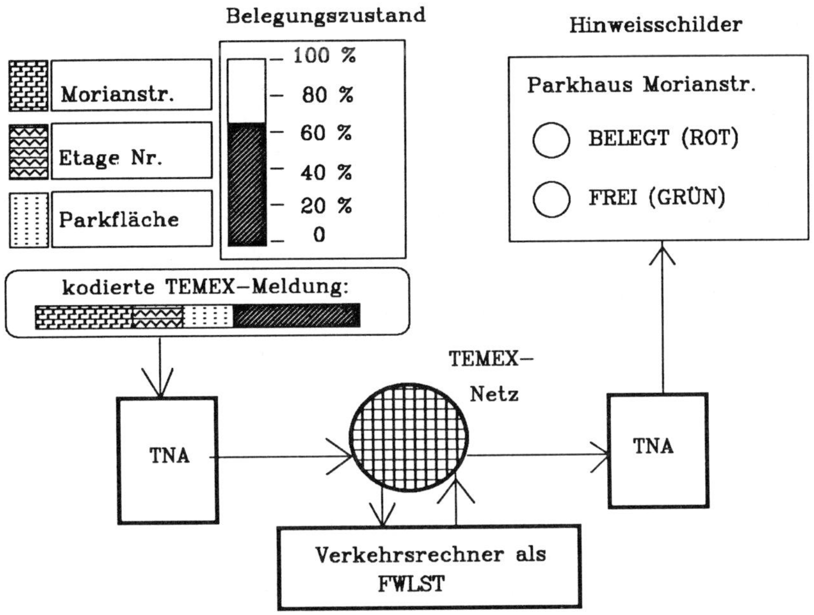

Bild 5.5: Anwendung: »Parkleitsystem«.

leider noch recht »enge« – Mengengerüst des TEMEX-Dienstes hineinpaßt. Zur Verdeutlichung wird im Anwendungs-Beispiel »Parkleitsystem« (Bild 5.5) die planerische Vorleistung zum Mengengerüst dargestellt. Es besteht die Forderung aus der Zustandsmeldung »Füllstand des Parkhauses X« eine geeignete Parkleitinformation (Anzeige an einem Schild) für den Autofahrer zu erzeugen, damit unnötige Parkplatz-Suchfahrten im Stadtgebiet nicht mehr erforderlich werden.
Es wird zur Erfassung der Ist-Situation notwendig sein, alle anfallenden, zur Übertragung anstehender Fernwirkinformationen nach Informationsgehalt und Dringlichkeit aufzulisten. Bei der Dringlichkeit wird im TEMEX-System zwischen den sogenannten zeitkritischen (spontan, z.B. Gefahrenmeldung) Meldungen und Befehlen und den zeitunkritischen (z.B. Füllstand) unterschieden. Der TEMEX-Rechner übermittelt in der Rangfolge zuerst alle zeitkritischen Fernwirkinformationen und dann erst die anstehenden zeitunkritischen. Anhand der Auflistung kann in dem nächsten Planungsschritt überlegt werden, welche Gruppierung bzw. Zusammenfassung im Rahmen des angestrebten Ziels möglich sind, um mit wenig Transaktionen und

Datenbits für die Fernwirkanwendung auszukommen. Im folgenden Abschnitt wird diese Reduktion auf die wesentliche Fernwirkinformation am Beispiel der Anwendung »Parkleitsystem« dargestellt.

B. Reduzierung auf das Wesentliche

Wenn ein Fahrzeug die Schleife am Eingang des Parkhauses überfährt (oder der Fahrer die Schranke betätigt), wird ein Zählimpuls ausgelöst. Da während des Tages einige hundert Fahrzeuge ein- und ausfahren, würde – bei direkter Übertragung dieser Meldung – eine Transaktionsrate von einigen Tausend Meldungen pro Monat erforderlich werden. Um jedoch, wie in der Abbildung 5.5 dargestellt, aus dem Belegtzustand des Parkhauses eine für den Verkehrsleitrechner geeignete Fernwirkinformation ableiten zu können, wird nicht der einzelne Zählimpuls – je Auto – sondern nur der von einer Auswerteeinheit errechnte Füllstand dieses Parkhauses benötigt. In einer praktischen TEMEX-Fernwirkanwendung eines Parkleitsystems in Dortmund wird der Füllstand nichtlinear in nur 5 Belegtzuständen dargestellt. Der Verkehrsrechner kann aus der Aussage »Füllstand 90« durchaus ableiten, daß aufgrund der verstrichenen Zeit zwischen dem »Füllstand 80« und der »90%-Marke« in einem berechneten Zeitintervall das Parkhaus besetzt sein wird. Abgeleitet aus dieser Aussage wird dann an dem Hinweisschild die Signalleuchte auf »belegt« geschaltet.
Man kann aus diesem Anwendungsbeispiel »Parkleitsystem« erkennen, daß es in der Planungsphase wichtig ist, die »eigentliche« Fernwirkinformation durch Reduktion auf den notwendigen Informationsgehalt zu ermitteln. Im zweiten Schritt wird neben der erforderlichen Transaktionsrate ermittelt, welche zeitlichen Anforderungen an die Fernwirkverbindung gestellt werden. In unserem Beispiel wird der Verkehrsrechner die Informationen »zeitkritisch« sofort benötigen, um bei hohem Verkehrsaufkommen (z.B. in der Weihnachtszeit) noch eine rechtzeitige Umschaltung auf »belegt« ermöglichen zu können. Als geeignete Schnittstelle kann daher für diese Fernwirkanwendung die TEMEX-Schnittstelle 13 (neu Typ D) eingesetzt werden. Der Füllstand des Parkhauses wird durch eine relativ einfache Logik in ein 8-Bit-Wort gewandelt. Nur bei Überschreiten (bzw. Unterschreiten von 90% auf 80%) eines Schwellwertes – hier der Prozentwert des Füllgrads – wird eine »TSS-13-Meldung« übertragen.

5.1.4 Vorkonzentration der Fernwirkinformationen

A. Verwendung einer Unterstation

Um die von TEMEX gebotene Informationsmenge von z.B. 8 Bit (Betriebsversuchswert) pro Transaktion optimal auszunutzen, ist eine Vorkonzentra-

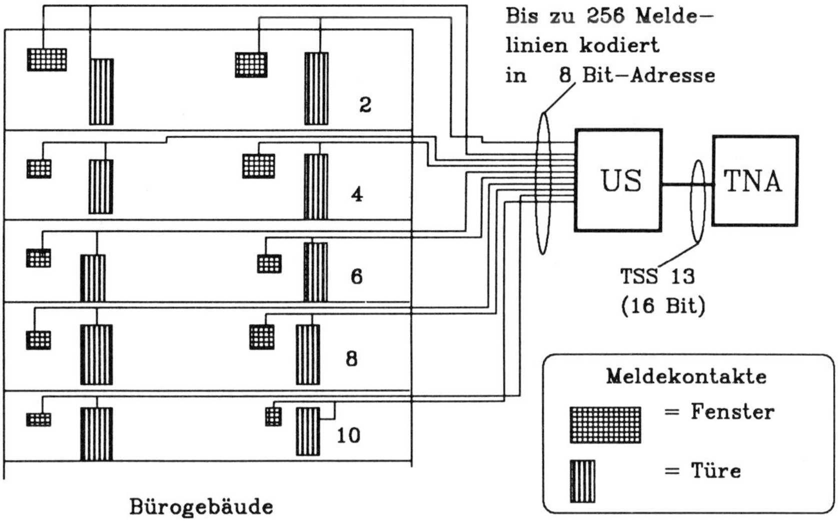

Bild 5.6: Vorkonzentration von 20 Meldelinien.

tion am Ort des Meldungsaufkommens sinnvoll. Im Bild 5.6 wird als TEMEX-Anwendung in einem Bürogebäude mit vielen Zimmern eine Gefahrenmeldeanlage mit Glasbruch- und Türkontakt-Sensoren installiert. Bis zu 256 Meldelinien lassen sich in der als Vorkonzentrator wirkenden Gefahrenmeldeanlage mit einem Byte (8 Bit) kodieren. Der Planer sollte daher nicht jede Meldelinie – in diesem Beispiel 20 – mit einer TSS 11 (Typ a) TEMEX-Schnittstelle zu einer Gebühr von je 3 DM pro Monat, sondern durch die Vorkonzentration kostengünstig über eine TSS 13 (Typ D) TEMEX-Schnittstelle – alle 20 Meldelinien zu 15 DM pro Monat – übertragen.

B. Die Mehrpunktverbindung (TSS 14m)

In einem später gezeigten Installationsbeispiel (Bild 5.12) wird dargestellt, wie in einem Wohngebäude drei Heizkostenzähler ihren Meßwert – von je 12 Byte – an eine TEMEX-Schnittstelle TSS 15a (Typ F1) in »Serie« geschaltet abgeben können. Die Vorkonzentration wird hier von der Logik des TNA realisiert, indem die von den drei Fernwirkendgeräten abgesandten Nutzdaten durch eine »Block-Kennung« erkannt werden und getrennt vom TNA übertragen werden können. Der Planer kann daher bei dieser Anwendung – auch wenn nicht alle vier Zähler gleichzeitig abgelesen werden sollen – pro Zähler die zugelassene Transaktionsrate ausschöpfen. Es ist jedoch anzunehmen, daß die Hersteller von TEMEX-Endgeräten – in ihren Beispiel-Anwendernetzen – auf diese Vorkonzentrationsmöglichkeiten eingehen. Dem Planer einer TEMEX-Anwendung sollte nur bekannt sein, daß er bei den im Wettbewerb stehenden Endgerätelieferanten auf die unterschiedlichen Möglichkeiten zur Vorkonzentration verschiedener Fernwirkendgeräte auf eine mehrwertige TEMEX-Schnittstelle achten sollte.

5.1.5 Vorgaben zur Realisierung

Im Rahmen der Planungsphase sollte dann auch – wie im Bild 5.1 unter D dargestellt – untersucht werden, welche Vorgaben zur Realisierung der Fernwirkanwendung existieren. Als eine »anwendungsspezifische« Vorgabe kann z.B. bei der Übertragung einer »Gefahrenmeldung« vom Versicherer eine zweite unabhängige Wegeführung des Fernwirksignals als Vorgabe erforderlich sein. Aufgrund des Datenschutzes kann z.B. bei der Erfassung eines Zählerwertes eine TEMEX-Schnittstelle Typ E (TSS 14) erforderlich werden, bei der nur fünfmal im Monat in der Kopplung mit einem »Sammelauftrag« übertragen wird.
Da diese Vorgaben sich auf die TEMEX-Anwendung beziehen, muß der Dienstleistungsanbieter im Rahmen seines Dienstleistungsvertrags die Einhaltung von technischen und betrieblichen Vorschriften (z.B. Datenschutz, VDE-Bestimmungen etc.) garantieren. Im Kapitel 6 wird auf die Vertragsbeziehungen noch näher eingegangen.

5.2 Die Installation

5.2.1 Ort des TNA

Bei Übertragung des TEMEX-Signals wird in dem letzten Abschnitt von der Postvermittlungsstelle bis zum Kunden – wie schon in den vorherigen Abschnitten erläutert – die Telefonleitung als Übertragungsmedium mitgenutzt. Als Endpunkt des TEMEX-Netzes setzt die Post den TEMEX-Netz-Abschluß (TNA) in den Keller des Wohngebäudes.
Das Bild 5.7 zeigt den TNA am Ende der Telefonleitung, oder wie der Postfachmann sagen würde, am Ende der Fernsprechanschluß-Leitung (a/b-Adern). Im Kapitel 3 und 4 wurde gezeigt, daß das TEMEX-Signal in der »Ortsvermittlungsstelle« des jeweiligen »Anschlußbereichs« auf diese Fernsprechanschlußleitung als zusätzliche Information zum Telefonsignal zugegeben wird. Um über die TEMEX-Information nun wieder – am Ende

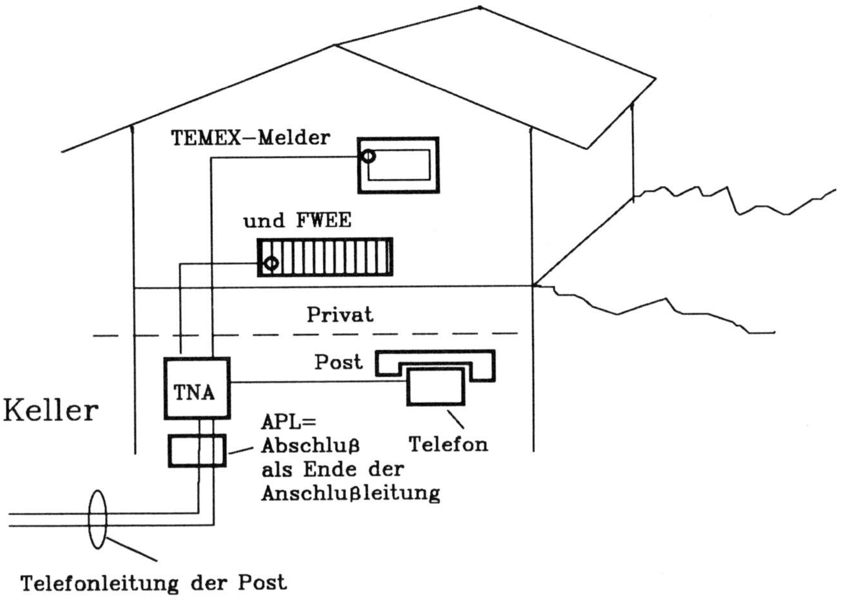

Bild 5.7: Installationsort des TEMEX-Netzabschlusses (TNA).

der z.B. 6 km langen Fernsprechanschlußleitung – getrennt von dem Telefonsignal verfügen zu können, muß die Trennvorrichtung (TNA) sich am Ort der übrigen Telefonverzweigung – an dem Abschlußpunkt (APL) – befinden (Endverzweiger). Da der TNA im Sinne einer Netzkomponente eingesetzt wird, mietet der TEMEX-Teilnehmer in der Regel keinen TNA, sondern nur eine TEMEX-Schnittstelle an dem TNA.

Ähnlich der Verteilung der Breitband-Kommunikationsanschlüsse erfolgt die weitere Aufteilung der TEMEX-Schnittstellen auf die privaten Fernwirkendgeräte durch die Installation der Wirtschaft und dort im überwiegenden Maße durch elektrohandwerkliche Unternehmer. Bei diesem z.Z. gültigen Zustand sollte jedoch nicht unberücksichtigt bleiben, daß – im Zuge der Liberalisierung der Telekommunikation – TEMEX als Mehrwertdienstleistung von der Post angeboten wird und daher zu einem späteren Zeitpunkt ein Wettbewerb mit der Post – im Bereich der Installation und einiger TEMEX-Endgeräte – denkbar wird. Weite Teilbereiche von TEMEX-Anwendungen (z.B. Heizungs-, Lüftungs-, Klimatechnik oder Gebäudeleittechnik) werden jedoch nur vom Fachhandwerk ausgeführt, da für diese Marktsegmente die handwerklichen Fachkenntnisse eines Meisterbetriebes erforderlich sind.

5.2.2 »Inhouse«-Fernwirk-Netze vom TNA zum FWEG

A. Eigenschaften der »Meldeschnittstelle« TSS 11 (Typ A)

Um mit Hilfe von TEMEX mit geringem technischen Aufwand Fernwirkanwendungen realisieren zu können, wurde eine den physikalischen Eigenschaften der CCITT-Empfehlung »V.31bis« entsprechende Schnittstelle gewählt. An diese Schnittstelle kann über eine Klemmverbindung mit Hilfe einer zweiadrigen Leitung das TEMEX-Endgerät am TNA angeschlossen werden. Die Post wird in einer zukünftigen Installationsrichtlinie eine Abschirmung der TEMEX-Schnittstellen-Leitungen vorschreiben. Es wird möglich sein, mehrere Schnittstellenleitungen in einem geschirmten Kabel zu führen bzw. zusammen mit Telefonadern in einer Leitung gemeinsam zu verlegen. Der Schirm wird dann in der Regel mit der Systemmasse des Fernwirkendgerätes verbunden werden.
Aus dem Bild 5.8 wird deutlich, daß eine galvanische Trennung zwischen dem TEMEX-Anwendernetz (Hausinstallation) und dem Post-Telefonnetz – mit der Hilfe von Optokopplern bzw. Übertragern – erfolgt. Diese galvanische Trennung schützt das Telefonnetz und damit auch andere Kunden der

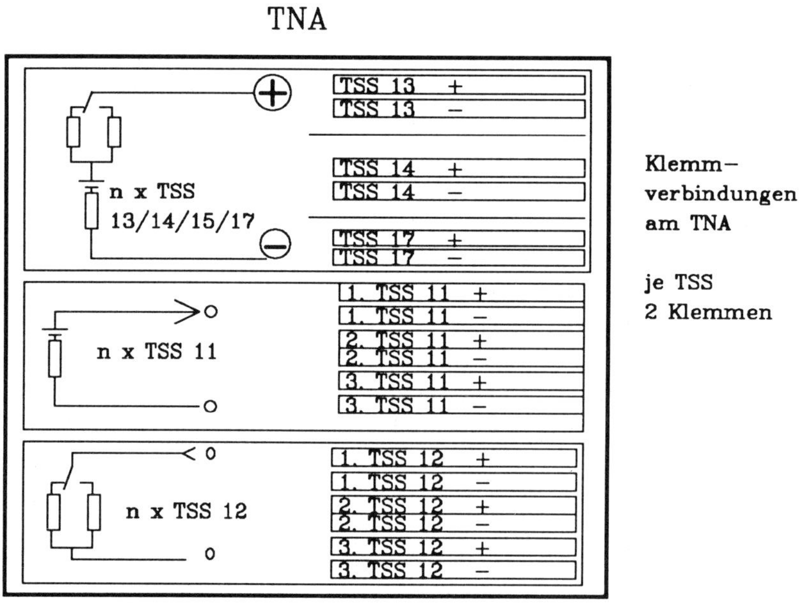

Bild 5.8: Klemmverbindung am TNA.

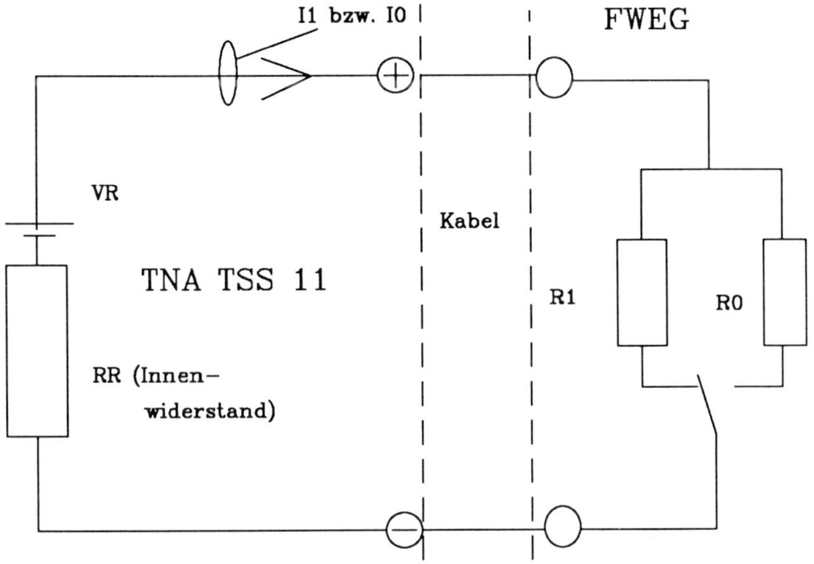

Bild 5.9: Ersatzschaltbild TSS 11 (Typ A).

Post vor Störungen, die durch verschleppte Spannungen eines fehlerhaften Fernwirkendgerätes erzeugt werden könnten.

Aus dem Ersatzschaltbild (Bild 5.9) der »Kontaktschnittstelle« TSS 11 kann man ersehen, daß sich in dem TNA pro Schnittstelle eine Spannungsquelle befindet, die über die Doppeladerverbindung einen »Signalstrom« in das Fernwirkendgerät einspeist. Durch die beiden Widerstände R1 (kleiner als 1 Kilo-Ohm) bzw. RO (größer als 500 Kilo-Ohm) werden dem TNA die beiden möglichen Informationszustände der Schnittstelle »1« gleich logisch »EIN« bzw. »0« entsprechend dem logischen »Aus« mitgeteilt. Da der TNA-Baustein über die Telefonleitung aus der Vermittlungsstelle der Post gespeist wird, ist am Ort des TEMEX-Melders – bei dieser einfachen TSS 11 – keine zusätzliche Spannungsversorgung notwendig.

Durch diesen TEMEX-Vorteil kann schon mit Hilfe eines einfachen potentialfreien Kontaktes eine sichere und schnelle Fernwirkverbindung zur Verfügung stehen. Dieser »Installations«-Vorzug sollte an dieser Stelle durchaus noch einmal hervorgehoben werden, da alternative Fernwirkübertragungen immer ein – meist netzgespeistes – Übertragungsgerät (z.B. digitales Wählgerät) benötigen.

B. Eigenschaften der »Befehlsschnittstelle« TSS 12 (Typ B)

Da bei der »Befehlsschnittstelle« TSS 12 (siehe Bild 5.10) davon ausgegangen werden kann, daß zur Ausführung eines Schaltbefehls in der Regel

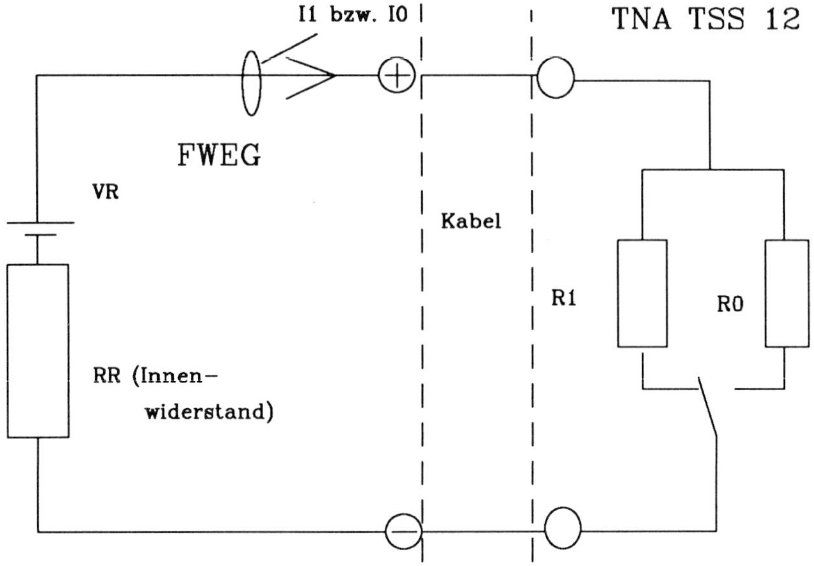

Bild 5.10: Ersatzschaltbild TSS 12 (Typ B).

immer eine Umsetzung des Fernwirksignals in eine Schaltspannung erforderlich sein wird, ist die bei dieser Schnittstelle erforderliche Spannungsquelle innerhalb des Fernwirkendgerätes nicht nachteilig.
Wenn der TNA einen »EIN-Zustand« überträgt, wird der innere Widerstand zwischen den Anschlußklemmen auf einen Wert von unter 1 Kilo-Ohm abgesenkt. Im ausgeschalteten Zustand (»AUS«-Zustand) wechselt der Widerstand zwischen den Klemmen auf einen Wert von über 500 Kilo-Ohm. Als Spannungsbereich der sich im Endgerät befindenden Spannungsquelle wird eine Spannung zwischen 3 bis 25 V Gleichspannung zugelassen (alle Werte beziehen sich auf die Schnittstellenbeschreibung Stand: 10. 10. 88).

C. Dynamische Schnittstellen (TSS 13/14/15/17)

Die dynamischen TEMEX-Schnittstellen TSS 13/14/15/17 werden durch eine Reihenschaltung aus einer Signalquelle und einem Empfänger realisiert (siehe Bild 5.11). Bei einer sachgerechten Dimensionierung der Eingangsschaltung des Fernwirkendgerätes kann der gesamte benötigte Schnittstellenstrom auch in diesem Fall wieder durch die Ortsvermittlungsstelle der Post »ferngespeist« zur Verfügung gestellt werden. An dem Beispiel eines TEMEX-fähigen Wasserzählers konnte dieser Umstand, (während der Betriebsversuchsphase in Berlin) als eine notwendige Eigen-

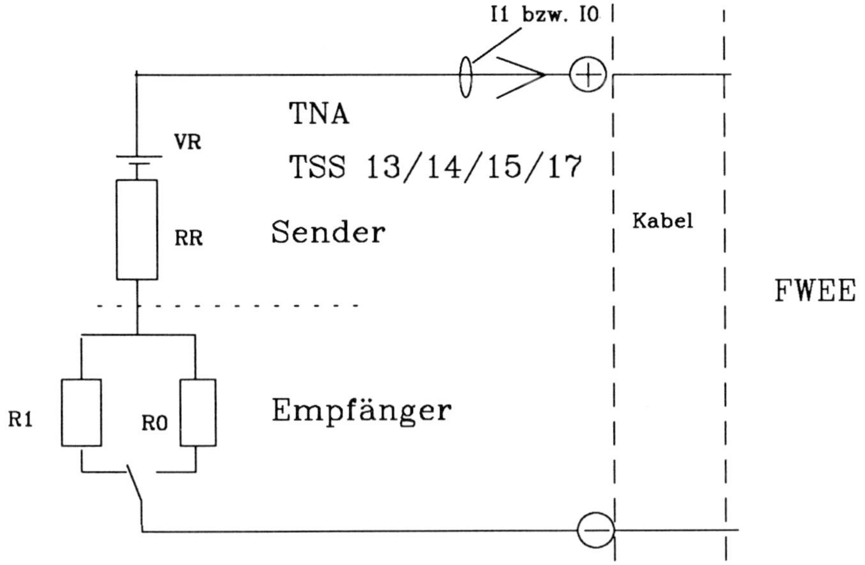

Bild 5.11: Ersatzschaltbild TSS 13/14/15/17.

schaft des Fernwirk-Transport-Dienstes zur Realisierung einer Fernablesung von Betriebszuständen innerhalb des Wasserrohrnetzes erkannt werden, da am Ort der Ablesung keine Spannungsversorgung zur Verfügung steht. Bei den dynamischen Schnittstellen wird im Ruhezustand (Stopschritt der Datenübertragung) ein Strom in das Fernwirkendgerät eingespeist. Der Austausch der Daten erfolgt über die physikalische Schnittstelle nach CCITT-Empfehlung »V.31bis« und wird mit einem Datenprotokoll nach DIN 19244 abgewickelt.

Der TNA fragt mit einem sogenannten »Polling« alle zwei Sekunden bei der Fernwirkendeinrichtung (FWEE) an, ob eine Information übertragen werden soll. Sobald eine neue Fernwirkinformation ansteht, wird das Endgerät bei dem nächsten folgenden »Polling« dem TNA diesen Übertragungswunsch mitteilen. Da an dem TNA jedoch mehrere TEMEX-Schnittstellen angeschlossen sind, ist der TNA in diesem Datenaustausch immer in der sogenannten Master-Funktion tätig. Der TNA wird – sofern gerade kein Zeitproblem durch einen anderen Bearbeitungsprozeß besteht – den Übertragungswunsch des Endgerätes mit einer Aufforderung zur Übertragung beantworten. Erst jetzt kann das Endgerät seine Fernwirkinformation an den TNA übermitteln. Das Datentelegramm enthält neben dem Start- und Stoppzeichen eine Aussage über die Anzahl der zu übertragenden Bits (L-Feld), Adreß- und Kennungsfelder und einer Checksumme. Durch diesen

Protokollaufbau wird eine gesicherte Übertragung zwischen TNA und dem Endgerät ermöglicht.
Es sollte bei der seriellen Schnittstelle auch darauf hingewiesen werden, daß durch das alle zwei Sekunden ablaufende Polling-Verfahren eine Nachricht unter Umständen auch erst nach ca. zwei Sekunden abgenommen werden kann. Um die Reichweite der TEMEX-Installation zu erhöhen bzw. um bis zu vier Fernwirkendgeräte sicher eine TSS 14m bedienen zu lassen, kann der Anwender neben der eingebauten Spannungsquelle auch eine externe zusätzliche Spannungsquelle (< 20 Volt) in den seriellen Stromkreis einfügen. Der TNA wird mit einer Spannungsbegrenzerschaltung und einer Strombegrenzung gegen Überlastung geschützt.
Anhand der sich ständig wiederholenden »Pollingprozedur« wird auch die Verbindung zwischen dem TNA und dem Fernwirkendgerät auf Funktion überwacht werden. Genauere Spezifikationen können als »TNA-Schnittstellenbeschreibung« bei der Post angefordert werden.

D. Die alternativen Übertragungswege

Um das Fernwirksignal von der TEMEX-Schnittstelle (in der Regel im Keller des Wohngebäudes) an das gewünschte Fernwirkendgerät weiter zu übermitteln, wird auf dem Grundstück eine »inhouse«-Verbindung benötigt. Die Übertragung kann entsprechend dem Stand der Technik über Funk, über ein Fernwirknetz bzw. durch Zusatznutzung bereits vorhandener Leitungs-Infrastruktur übertragen werden.

Ein eigenes Fernwirk-Netz im Wohngebäude Wenn im Wohngebäude keine vorhandene Infrastruktur mitgenutzt werden kann, muß zur Verbindung des TEMEX-Endgerätes mit der Schnittstelle am TNA ein eigenes TEMEX-Netz installiert werden. Dieses Netz kann in Form einer einfachen Doppelader-Verbindung jede Fernwirkmeldelinie einzeln mit dem jeweiligen TEMEX-Endgerät verbinden, oder auch unter Verwendung eines Bussystems mehrere Fernwirkinformationen an verschiedenen Orten des Wohngebäudes einsammeln und in einer »Unterstation« (US) wieder in die einzelnen TEMEX-Meldelinien zurückwandeln. Diese Vorkonzentration verschiedener Fernwirkinformationen auf eine Unterstation (siehe Bild 5.12) ermöglicht es dem Anwender, kostengünstig seine Hausnetz-Infrastruktur optimal auszunutzen und den Transport-Fernwirk-Datenrahmen der Post (hier der Tss 15a) durch eine Verschachtelung verschiedener Informationen voll auszufüllen. In dem Beispiel werden drei zeitunkritische Verbrauchswerte in der Gruppe der 3 bis 64 Oktetts und die Steuerung der Ölfeuerung über die zeitkritische Komponente (8 Bit) der Tss 15a angesteuert. Die Zusammenstellung der Fernwirkinformationen erfolgt in der privaten Unterstation.

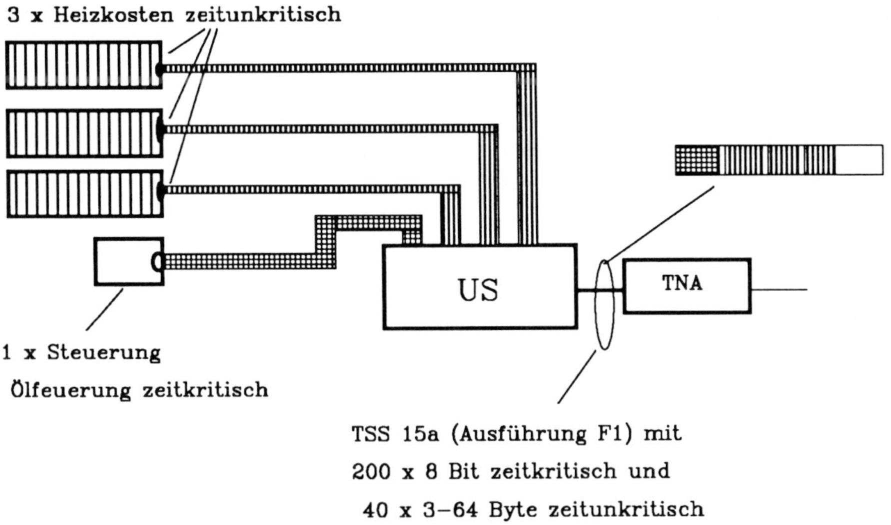

Bild 5.12: Vorkonzentration in der Unterstation (US).

Der Kreativität der herstellenden Industrie ist an dieser Stelle keine Grenze gesetzt, so daß auch eine Entwicklung eines Hausbussystems zum Anschluß verschiedener Beleuchtungs- und Heizungssteuerungsorgane als »inhouse«-Fernwirken in Verbindung mit z.B. einer Heizkostenerfassung – als externes Fernwirken über TEMEX – in einem genormten System denkbar wäre. Die Endgerätehersteller könnten dann in akzeptabler Stückzahl (entsprechend geringerem Stückpreis) die entsprechenden »Bus-Koppelbausteine« zur Ankopplung der »Haus-Fernwirk-Elemente« fertigen. Aufgrund der im Bereich des Fernwirkens benötigten geringen Datenübertragungsraten (ca. 300 Bit pro Sekunde) kann bei der Entwicklung auf bereits am Markt zahlreich vorhandene »Feldbus«-Varianten zurückgegriffen werden.

Nutzung der bereits vorhandenen Hausnetze Wenn der Kunde gerade frisch renoviert hat, wird er den weiteren Ausführungen des werbenden TEMEX-Experten wohl kaum folgen, wenn dieser sich gleich zu Beginn seiner Aquisition nach der Wandstärke erkundigt, um die richtige Bohrstange für die »zahlreichen« Wand- und Deckendurchbrüche mitbringen zu können. Ein erfahrener Außendienstler wird daher in dieser Situation sogleich schlagfertig nach dem Ort der nächsten »Steckdose« fragen, da ja mit Hilfe des »xyz«-Multi-Netzes (Platzhalter für den Produktnamen) die TEMEX-Information – ohne viel Dreck – über das 220-Volt-Netz – übertragen werden kann.

Als ein zweites, sehr verbreitetes Hausnetz könnte die vorhandene Breitband-Verteilanlage (Koaxial-Kabel-Netz) durch geeignete Filterbaugruppen und einer Modem-Einheit zur Übertragung von Fernwirkinformationen mitgenutzt werden. Innerhalb der Wohneinheit muß dann das Fernwirksignal über eine normale Doppeladerverbindung mit dem Fernwirkgerät (z.B. eine elektronische Heizkostenerfassung) verbunden werden. Es wird jedoch noch von der Entwicklung der Marktstimulierung und der Akzeptanz des Post-TEMEX-Dienstes in der Industrie abhängen, wann solche Übertragungssysteme zur Mehrfachnutzung der Hausinfrastruktur zur Verfügung stehen.

5.2.3 Installationsbeispiele

An dem Beispiel einer praktischen TEMEX-Anwendung soll einmal gezeigt werden, mit welchem Installationsaufwand ein handwerklicher Unternehmer zur Verwirklichung des TEMEX-Auftrags rechnen muß. In den vorangehenden Abschnitten wurde schon angedeutet, daß eine Übermittlung einer einfachen TSS-11-Meldung mit dem geringsten technischen Aufwand seitens des Fernwirkendgerätes realisiert werden kann. Um jedoch eine Fehlfunktion der Meldefunktion ausschließen zu können, wird hier im Detail auf die Physik der TSS-11-Schnittstelle näher eingegangen. Das Bild 5.13 zeigt eine Prinzipdarstellung der TSS-11-Eingangsschaltung.

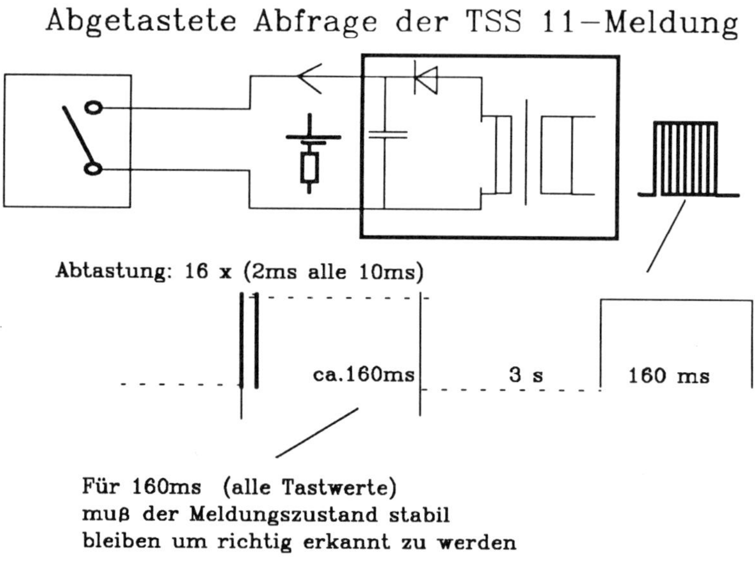

Bild 5.13: Abtastung der TSS 11-Meldung.

Um eine galvanische Trennung zwischen der privaten TEMEX-Meldelinie und dem Postnetz zu ermöglichen, wird eine Art Übertragersystem eingesetzt (genauere Angaben wurden bisher vom Hersteller nicht gegeben). Ein Abtastimpuls wird auf der Primärseite des Übertragers aufgegeben, um an der Sekundärseite zu einer Spannung (die Ersatzschaltung zeigt eine Spannungsquelle mit Innenwiderstand) gleich gerichtet zu werden. Durch Schließen des in dem Bild 5.13 dargestellten Schalters wird diese Spannung kurzgeschlossen. Der Mikroelektronik-Baustein registriert diese »Veränderung« und gibt sie an die Übertragungsregister im TNA weiter.
Damit nicht jeder beliebig oft ausgeführte Zustandswechsel an das TEMEX-System weitergeleitet wird und damit die TEMEX-Zentrale überlasten könnte, wird zur Erkennung eines Zustandswechsels nur eine Zeitspanne von ca. 160 Millisekunden zugelassen und dann wieder für ca. 3 Stunden jeder weitere Zustandswechsel unberücksichtigt gelassen. Erst mit dem nächsten Abtastblock (160 ms) kann ein erneuter Zustandswechsel übertragen werden.
Aus der Darstellung in Bild 5.13 ist zu erkennen, daß in dem Abtastblock ca. 16 Einzelimpulse von etwa 2 Millisekunden Dauer im Abstand von ca. 10 Millisekunden vorhanden sind. Nur wenn bei jedem Einzelimpuls der gleiche Zustand ansteht, wird am Ende des Abtastblocks auch dieser als der

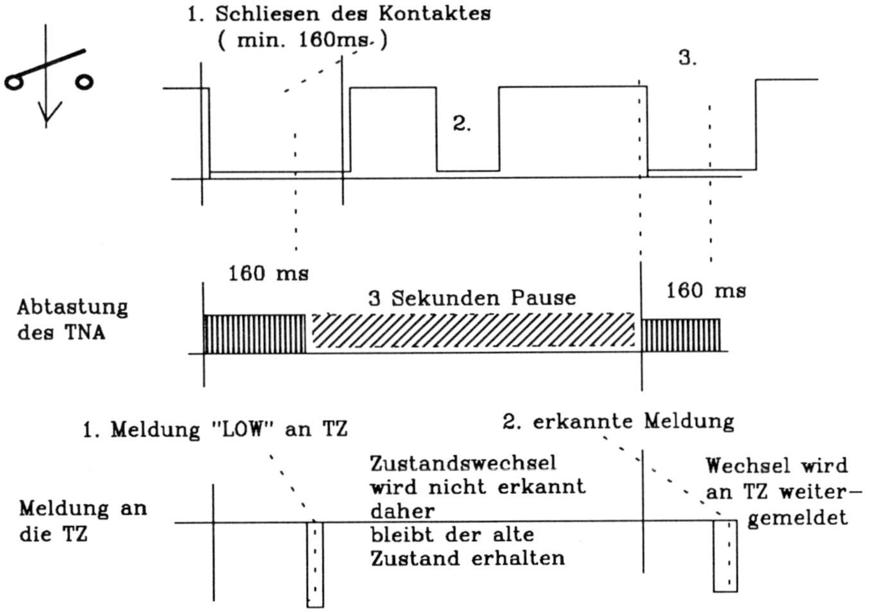

Bild 5.14: TSS 11-Funktion bei wiederholten Meldungen.

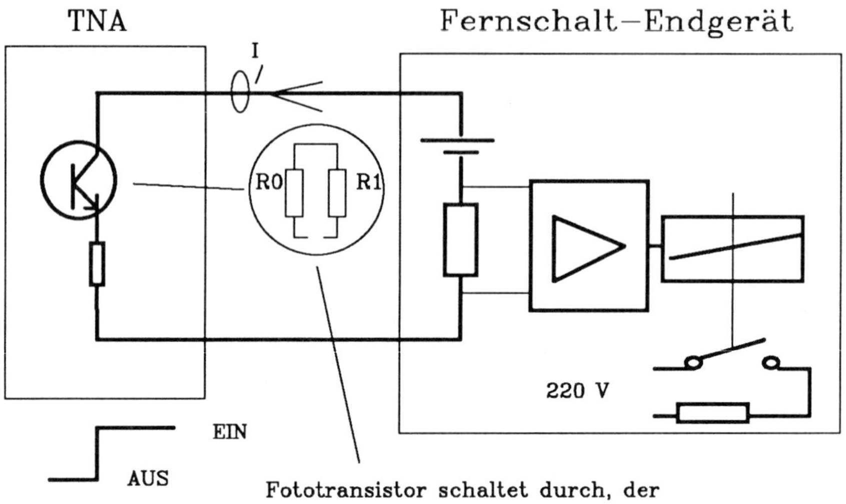

Bild 5.15: Schalten einer Last.

gültige Zustand der Schnittstelle an den TEMEX-Rechner weitergeleitet. In dem Bild 5.14 wird dargestellt, daß bei Betätigung des Meldekontaktes innerhalb von sehr kurzen Zeitintervallen (< 3 Sekunden) nach dem ersten erkannten Zustandswechsel alle weiteren Veränderungen für ca. 3 Sekunden vom TNA unberücksichtigt bleiben. In diesem Fall kann ein erneuter Zustandswechsel erst mit dem nächsten Abtastblock (in ca. 3 Sekunden) übermittelt werden.

In einem weiteren Installationsbeispiel wird das Fernschalten einer Beleuchtung mit Hilfe eines Schaltgerätes dargestellt. In dem Bild 5.15 wird dargestellt, daß bei einem Schaltzustand »EIN« der Fototransistor der TSS-12-Schnittstelle niederohmig schaltet (kleiner als 1000 Ohm). Da sich in dem privaten Endgerät eine Spannungsquelle befindet, kann nun der Schnittstellenstrom »I« fließen. In dem Endgerät muß dieser Stromfluß nun durch einen Schaltverstärker in einen Schaltvorgang (Anziehen eines Relais oder Schütz) umgesetzt werden. Bei der Installation eines Endgerätes für TSS-12-Schaltbefehle muß daher auf die vom Endgerätelieferanten zugelassenen Werte für Schaltspannung und -strom geachtet werden.

Da das TEMEX-System nur Zustandswechsel weiterleitet, wird der Schaltzustand solange beibehalten, bis der nächste Schaltbefehl diese TSS 12 wieder auf »AUS« setzt.

5.3 Die Leitstelle

Die technische Realisierung der Fernwirkleitstelle orientiert sich an den Anforderungen betrieblicher und technischer Art, die sich aus der zu gestaltenden TEMEX-Dienstleistung ergeben. Wie im Kapitel 3 schon dargestellt, wird das TEMEX-Netz nur als Transport-Netz zur Übertragung der Fernwirkinformation genutzt. Die Fernwirkleitstelle muß daher in einer Minimalkonfiguration in der Lage sein, das TEMEX-Protokoll zum TEMEX-Rechner ordnungsgemäß zu bedienen und die Fernwirkinformationen in eine Anzeige umzuwandeln.

Darüberhinaus verlangt die Post bei der entsprechenden Zulassung einer Fernwirkleitstelle, je nachdem für welche Klasse von TEMEX-Meldungen sie eingesetzt werden soll, unterschiedliche zusätzliche technische Merkmale. In diesem Buch soll nur darauf verwiesen werden, daß beim Erwerb einer Leitstelle der Käufer sich bei dem Lieferanten nach der Klasse der TEMEX-Zulassung erkundigen sollte. In dem Auftrag sollte der Einsatzzweck – z.B. »Erfassung von Heizkosten über eine TSS-14m-Schnittstelle« – mit aufgeführt werden, da sonst nach Erhalt der Ware sich als »Mißverständnis« ergeben könnte, daß diese Leitwarte z.B. nur für die Bedienung der einfachen Kontaktschnittstellen TSS 11 (bzw. Typ A) und TSS 12 (bzw. Typ B) zugelassen ist.

In der technischen Ausgestaltung ist der Phantasie der Industrie-Konstruktionsabteilung (vielleicht sogar mit ergonomischen Design) keine Grenze gesetzt. Eine Leitwarte zur Bedienung von einfachen Kontaktschnittstellen kann z.B. nur aus einer LCD-Anzeige und einigen Sensortasten bestehen. Beim Einschalten wird über eine im residenten Speicher abgelegte LOGIN-Prozedur die Verbindung zum TEMEX-Rechner hergestellt und durch ein entsprechendes Symbol die Funktionsbereitschaft signalisiert. Der Bediener kann bei einer – mit dem entsprechenden Symbol auf dem LCD-Display dargestellten – TSS-11-Meldung über die Tastatur einen TSS-12-Schaltbefehl auslösen.

Eine etwas komfortablere Ausgestaltung einer TEMEX-Leitstelle kann z.B. aus einem kleinen Vorrechner bestehen. Dieser Vorrechner wickelt das TEMEX-Protokoll zum TEMEX-Rechner ab und realisiert alle zur Zulassung notwendigen Merkmale (z.B. Zwischenspeicherung von Meldungen etc.). Auf einem Display können die »rohen« Fernwirkdaten dargestellt sein bzw. auf einem kleinen eingebauten Drucker ausgedruckt werden. Mit einer seriellen Datenschnittstelle können die Fernwirkinformationen an einen PC weitergeleitet und in beliebigen Softwarepaketen zu einem Endergebnis verarbeitet werden. Diese Art von Vorrechner-Prinzip ist nicht neu, sie wird bereits bei der Umwandlung von TELETEX- bzw. Btx-Signalen für beliebige Rechneranlagen genutzt.

Als letztgenannte, jedoch durchaus nicht unbedeutende Möglichkeit, kann man natürlich auch mit Hilfe einer PC-Einsteckkarte und dem entsprechenden Programm dazu einen PC als Fernwirkleitwarte betreiben. Es sind auch bei diesen Lösungen verschiedene Grade der »Unabhängigkeit« der Leitstellenfunktion von dem übrigen Geschehen auf dem PC möglich. Der Käufer sollte daher sich sehr genau über die Funktion der individuellen Firmenlösungen aufklären lassen.
Bei einigen Lösungen wird nur eine Schnittstellenkarte zur Realisierung des notwendigen Datenprotokolls eingesetzt, während die zur Kommunikation mit dem TEMEX-Rechner notwendigen »Routinen« in dem unter dem Betriebssystem aufgerufenen Leitstellenprogramm abgewickelt werden. Eine fehlerhafte Tastatur-Bedienung könnte in einem solchen Fall schon zum »Absturz« des Leitstellenprogramms und damit auch zur Beendung der Kommunikation mit dem TEMEX-System führen. In dem Kapitel 6.3 »Die gesicherte Fernwirkinformation« wird daher noch einmal auf die gezielte Eingrenzung von Schwachstellen in dem Gesamtfernwirksystem hingewiesen. Im Kapitel 3 wurden die unterschiedlichen Anschaltemöglichkeiten der Fernwirkleitstellen bereits dargestellt. An dieser Stelle wird daher nur noch auf die besondere Anschlußmöglichkeit einer einfachen (nur für TSS 11 und TSS 12) Leitstelle des Typs TSS 17 hingewiesen. Bei diesem Leitstellenanschluß wird eine serielle TEMEX-Schnittstelle an dem TNA dafür genutzt, ein Leitstellenprotokoll zu übertragen. In der technischen Realisierung fehlt daher das Datenanschaltgerät bzw. Modem.
Der Leitstellenbetreiber hat daher – neben der Gebühr für den Zugang zum TEMEX-Rechner – keine weiteren Datenverbindungsgebühren zu bezahlen, da diese Art des Fernwirkens komplett nur innerhalb des TEMEX-Netzes realisiert wird. Diese TSS-17-Leitwarten könnten daher gerade für den Einsatz im Bereich »technische Alarme« zur Anzeige z.B. des Ausfalls von technischen Einheiten und Aggregaten bevorzugt werden. Leider ist die herstellende Industrie durch das Warten auf die endgültige Serientechnik bei der Entwicklung von TSS-17-Leitwarten bisher sehr zurückhaltend. Es ist jedoch anzunehmen, daß bis 1990 auch solche »einfachen« Fernwirkleitstellen auf dem Markt angeboten werden.

5.4 Das Dienstleistungsangebot der Post

5.4.1 Erläuterungen zur rechtlichen Situation

Die benutzungsrechtlichen Grundlagen für den TEMEX-Dienst sind in der TKO beschrieben. Mit Inkrafttreten der »Dritten Verordnung zur Änderung der Telekommunikationsordnung« werden gegenüber den System- und

Betriebsversuchsangeboten zusätzliche TEMEX-Leistungen angeboten. Hierbei sind Teilnehmer, die Fernwirkleitstellen betreiben und Fernwirkleistungen verfügbar machen, Fernwirkanbieter (Leitstellenbetreiber). Durch die feste Zuordnung einer oder mehrerer Fernwirkaußenstellen zu einer Fernwirkleitstelle entstehen Fernwirkanwendernetze. Für die Beratung, Planung und Betreuung von TEMEX-Anwenderdatennetzen stehen den Fernwirkanbietern TEMEX-Experten (siehe Kapitel 4.4) bei den Fernmeldeämtern zur Verfügung.
Da zwischen einer Fernwirkaußenstelle und einer Fernwirkleitstelle eine feste Verkehrsbeziehung vorhanden ist, kann ein TEMEX-Anschluß zur Anschaltung von Fernwirkaußenstellen nur überlassen werden, wenn dieser Anschluß einer bestimmten Fernwirkleitstelle zugeordnet werden kann. Dies ist vom Einverständnis des Fernwirkanbieters abhängig. TEMEX-Anschlüsse zur Anschaltung von Fernwirkaußenstellen werden daher auch in der Regel vom Fernwirkanbieter beantragt.

5.4.2 TEMEX-Betriebsmöglichkeiten

A. Fernwirkaußenstellen

Die in Bild 5.16 aufgelisteten Schnittstellen, die man in Kontaktschnittstellen und Protokollschnittstellen klassifiziert hat, haben unterschiedliche Funktionen zu erfüllen:

Kontaktschnittstellen TSS 11 und TSS 12 Die Kontaktschnittstellen kennen die zwei Zustände EIN/1 und AUS/0.

TSS 11: Die Schnittstelle TSS 11 dient zum Austausch von zweiwertigen Meldungen zwischen TNAE und der Fernwirkendeinrichtung. Zustandswechsel potentialfreier Kontakte werden spontan in Form von Meldetelegrammen an die Fernwirkleitstelle *zeitkritisch* übermittelt. Ein Zustandswechsel ist der Übergang von logisch 0 auf logisch 1 und umgekehrt. Weiterhin kann der aktuelle Zustand durch eine Statusanfrage von der Leitstelle abgefragt werden. Ein Zustand muß für eine Mindestzeit von 160 ms stabil sein, um akzeptiert zu werden. Nach der Meldung eines Zustandswechsels wird die Schnittstelle für ca. 3 s nicht überwacht, so daß der nächste Zustandswechsel frühestens nach 3 s gemeldet wird.
TSS 12: Die Schnittstelle TSS 12 dient zum Austausch von zweiwertigen Befehlen zwischen TNAE und der Fernwirkendeinrichtung. Von der Schnittstelle werden spontan Zustandswechsel von logisch 0 auf logisch 1 und umgekehrt übergeben. Die Schnittstelle bleibt in dem zuletzt gesetzten Zustand, bis ein neuer Befehl von der Leitstelle sie zu einem Zustandswechsel veranlaßt. Ein Zustand ist gültig, wenn er 160 ms lang stabil war. Befehls-

Fernwirkaußenstellen						
Ausführung	Schnittstellentype	Übertragungsrichtung	Informationsstruktur	Monatl. Anzahl der Telegramme zeitkritisch	Monatl. Anzahl der Telegramme zeitunkritisch	
A1	TSS 11	Meldung	1 Bit	200	-	Kontakt-Schnittstellen
A2				400	-	
A3				600	-	
B1	TSS 12	Befehl	1 Bit	200	-	
B2				400	-	
B3				600	-	
C1	TSS 11 + TSS 12	Meldung Befehl	je 1 Bit	200	-	
C2				400	-	
C3				600	-	
D11	TSS 13a	Meldung + Befehl	8 Bit	2000	-	Dynamische Schnittstellen
D12				4000	-	
D21	TSS 13b	Meldung + Befehl	16 Bit	1000	-	
D22				2000	-	
D23				4000	-	
E1	TSS 14	Meldung + Befehl	3 bis 64 Oktett	-	5	
E2	TSS 14m		3 bis 16 Oktett	-	240/Jahr	
F1	TSS 15a	Meldung + Befehl	8 Bit	200	-	
			3 bis 64 Oktett	-	40	
F2			8 Bit	400	-	
			3 bis 64 Oktett	-	200	
G1	TSS 15b	Meldung + Befehl	16 Bit	1000	-	
			3 bis 16 Oktett	-	200	
G2			16 Bit	2000	-	
			3 bis 16 Oktett	-	400	
G3			16 Bit	4000	-	
			3 bis 16 Oktett	-	800	

Bild 5.16: Anwendungsmöglichkeiten für Fernwirkaußenstellen.

telegramme von der Leitstelle werden *zeitkritisch* zur Schnittstelle übermittelt.
Je eine physikalische Schnittstelle des Typs TSS 11 und TSS 12 werden zusammen als ein Anschluß der Ausführung C überlassen.

Protokollschnittstellen ermöglichen den Austausch von Meldungen und Befehlen mit Fernwirkendeinrichtungen in Form von seriellen Datentelegrammen. Fernwirkendeinrichtungen werden von der TNAE in Form eines Datendialogs zyklisch abgefragt (Poll). Die Übermittlung der Fernwirkinformationen kann in beiden Richtungen erfolgen. Die Übertragung der Nutzdaten erfolgt transparent, d.h. ohne Änderung und ohne Verwendung des Inhalts für die Übertragungsfunktion. Das vollständige Format ist einzuhalten.
Das Kommunikationsprotokoll entspricht DIN 19244 Teil 10 und der IEC Publikation IEC 57 (Sec) 78, Stand Februar 1988: »Telecontrol Equipment and Systems, Part 5–2: LINK Transmission Procedures«.

TSS 13a: Die TSS 13a dient zum Austausch von *zeitkritischen* mehrwertigen Meldungen und Befehlen im Rahmen einer Bitgruppe von 8 Bit Nutzdaten zwischen einer TNAE und einer Fernwirkendeinrichtung. Weiterhin kann der aktuelle Zustand durch eine Statusanfrage von der Leitstelle oder einen Sammelbefehl abgefragt werden.

TSS 13b: Die TSS 13b dient zum Austausch von *zeitkritischen* mehrwertigen Meldungen und Befehlen im Rahmen einer Bitgruppe von 16 Bit Nutzdaten zwischen einer TNAE und einer Fernwirkendeinrichtung. Weiterhin kann der aktuelle Zustand durch eine Statusanfrage von der Leitstelle oder durch einen Sammelbefehl abgefragt werden.

TSS 14: Die TSS 14 dient zum Austausch von *zeitunkritischen* mehrwertigen Meldungen oder Befehlen zwischen einer TNAE und einer Fernwirkendeinrichtung. Die zu übertragenden Datenblöcke müssen mindestens drei und dürfen bis zu 64 Oktett Nutzdaten enthalten. Weiterhin kann der aktuelle Zustand durch eine Statusanfrage von der Leitstelle oder einen Sammelbefehl abgefragt werden.
Die Verwaltung der über die TSS 14 übertragenen Fernwirkinformationen unterliegt den gesetzlichen Bestimmungen über den Schutz von personengebundenen Daten. Dieser Schnittstellentyp kann daher Fernwirkinformationen nur innerhalb eines festgelegten Zeitfensters (Sammelaufforderung 2) übertragen (siehe auch Seite 71).
Der Anstoß zur Übermittlung der an der Außenstelle vorliegenden Daten zur Leitstelle erfolgt grundsätzlich durch eine Sammelaufforderung. Zur Abwicklung von Ausnahmesituationen ist es möglich, eine TSS 14 zweimal

im Monat auch von der Leitstelle aus abzufragen. Die Übergabe spontaner Meldungen ist ebenfalls zweimal im Monat möglich.

TSS 14m: Die TSS 14m (multipoint) dient zum Austausch von *zeitunkritischen* mehrwertigen Meldungen oder Befehlen zwischen einer TNAE und bis zu vier in Reihe geschalteten Fernwirkendeinrichtungen. Die Adressierung der verschiedenen Fernwirkendeinrichtungen erfolgt gemäß des entsprechenden Kommunikationsprotokolls. Die zu übertragenden Datenblöcke müssen mindestens drei und dürfen bis zu 16 Oktett Nutzdaten enthalten. Weiterhin kann der aktuelle Zustand durch eine Statusanfrage von der Leitstelle oder einen Sammelbefehl abgefragt werden.
Nach der Abwicklung von Fernwirkleitstellen-Anfragen werden die zyklischen Aufrufe (Polls) eingestellt. Zur Übermittlung spontaner Meldungen wird die Fernwirkendeinrichtung in bestimmten Abständen von der TNAE aufgerufen. Der Abstand zwischen zwei Aufrufen kann festgelegt werden. Es kann auch ganz auf den Aufruf verzichtet werden.

TSS 15a: Die TSS 15a beinhaltet sowohl die Merkmale der TSS 13a als auch der TSS 14. Sie dient zum Austausch von *zeitkritischen* bzw. *zeitunkritischen* mehrwertigen Meldungen und Befehlen im Rahmen einer Bitgruppe von 8 Bit bzw. 3 bis 64 Oktett Nutzdaten zwischen einer TNAE und einer Fernwirkendeinrichtung. Weiterhin kann der aktuelle Zustand durch eine Statusanfrage von der Leitstelle oder durch einen Sammelbefehl abgefragt werden.
Die Übermittlung *zeitunkritischer* Fernwirkinformationen ist nicht an die Festlegung eines Zeitfensters gebunden. Die unterschiedliche Klassifizierung der Telegramme erfolgt durch das Kommunikationsprotokoll.

TSS 15b: Die TSS 15b beinhaltet sowohl die Merkmale der TSS 13b als auch der TSS 14m. Sie dient zum Austausch von *zeitkritischen* bzw. *zeitunkritischen* mehrwertigen Meldungen und Befehlen im Rahmen einer Bitgruppe von 16 Bit bzw. 3 bis 16 Oktett Nutzdaten zwischen einer TNAE und einer Fernwirkendeinrichtung. Weiterhin kann der aktuelle Zustand durch eine Statusanfrage von der Leitstelle oder einen Sammelbefehl abgefragt werden. Die unterschiedliche Klassifizierung der Telegramme erfolgt durch das Kommunikationsprotokoll.

B. Fernwirkleitstellen

Bei Kommunikationsanschlüssen für Fernwirkleitstellen unterscheidet man einfache und komfortable Leitstellen. Ihre unterschiedliche Art und Funktion wird nachfolgend erläutert.

Einfache Fernwirkleitstelle TSS 17 Die TSS 17 dient zum Austausch von Fernwirkinformationen zwischen einer TNAE und einer Fernwirkendeinrichtung, die als Fernwirkleitstelle der Ausführung L betrieben wird. Sie ermöglicht ausschließlich die Übermittlung von Meldungen und Befehlen von bzw. zu Schnittstellen des Typs TSS 11 und TSS 12 innerhalb des eigenen TEMEX-Versorgungsbereiches. Die Übermittlung der Fernwirkinformationen erfolgt analog zu den Schnittstellentypen TSS 11 und TSS 12 *zeitkritisch.* Weiterhin können Statusanfragen an Fernwirkaußenstellen übermittelt werden. Meldungen sowie bestimmte Systemmeldungen von der THZ/TZ an die Fernwirkleitstelle werden bei Bedarf mit Datum und Uhrzeit versehen.

Komfortable Fernwirkleitstellen TSS 31–34 Telekommunikationsanschlüsse zur Anschaltung von komfortablen Fernwirkleitstellen werden mit den Standard-Betriebsmöglichkeiten
- TSS 31
- TSS 32
- TSS 33 oder
- TSS 34 überlassen.

Sie ermöglichen den Austausch von Fernwirkinformationen mit den Schnittstellen TSS 11, TSS 12, TSS 13, TSS 14, TSS 14m, TSS 15a und TSS 15b. Weiterhin sind die Möglichkeiten zur Bearbeitung von Sammelaufforderungen, Abfrage der übertragenen Fernwirktelegramme und der Statusabfrage der einzelnen Schnittstellen gegeben.
Meldungen sowie einige Fehlermeldungen an die Fernwirkleitstelle werden mit Datum und Uhrzeit versehen.

TSS 31 Die Standard-Betriebsmöglichkeit TSS 31 ermöglicht der Fernwirkleitstelle den Zugang zum TEMEX-Versorgungsbereich mittels eines Direktrufanschlusses der Gruppe A und der entsprechenden Direktrufverbindung mit dem TEMEX-Netzknoten.
Eigenschaften: Synchrone Datenübertragung in der Regel mit der Geschwindigkeit 2400 bit/s. Höhere Geschwindigkeiten (4800 und 9600 bit/s) sind bei Bedarf möglich.

TSS 32 Die Standard-Betriebsmöglichkeit TSS 32 ermöglicht der Fernwirkleitstelle den Zugang zum TEMEX-Versorgungsbereich mittels eines Telefonanschlusses und Anpassungseinrichtung und der entsprechenden Wählverbindung mit dem TEMEX-Netzknoten.
Eigenschaften: Asynchrone Datenübertragung mit der Geschwindigkeit 1200 bit/s.

TSS 33 Die Standard-Betriebsmöglichkeit TSS 33 ermöglicht der Fernwirkleitstelle den Zugang zum TEMEX-Versorgungsbereich mittels eines DATEX-L-Anschlusses und der entsprechenden Wählverbindung mit dem TEMEX-Netzknoten.
Eigenschaften: Synchrone Datenübertragung mit der Geschwindigkeit 2400 bit/s.

TSS 34 Die Standard-Betriebsmöglichkeit TSS 34 ermöglicht der Fernwirkleitstelle den Zugang zum TEMEX-Versorgungsbereich mittels eines DATEX-P-Anschlusses und der entsprechenden Wählverbindung mit dem TEMEX-Netzknoten.

C. Netzdienstleistungen

Im TEMEX-Dienst werden neben dem Angebot der Fernwirkaußenstellen und Fernwirkleitstellen folgende Netzdienstleistungen angeboten:
- TEMEX-Kennungen,
- Ausführen von Sammelaufforderungen,
- Umleitung von Fernwirkinformationen zu anderen Leitstellen.

TEMEX-Kennung Auf Anforderung des TEMEX-Systems muß sich eine komfortable Fernwirkleitstelle mit einer 10stelligen dezimalen Kennung und einem Paßwort identifizieren. Die Kennung wird bei der Auftragsbestätigung durch die Deutsche Bundespost dem Teilnehmer mitgeteilt.
Eine negative Identifikation führt bei Nutzung einer Direktrufverbindung zum Abschalten der Verbindung. Ein entsprechendes Überprüfungsverfahren durch die Deutsche Bundespost wird eingeleitet. Bei einer Wählverbindung führt eine negative Identifikation zum zwangsweisen Abbruch der Verbindung.

Ausführen von Sammelaufforderungen Als Sammelaufforderungen werden Netzdienstleistungen bezeichnet, die das Übermitteln von Fernwirkinformationen zu mehreren Fernwirkaußenstellen gleichen Typs durch einen gemeinsamen Befehl (Anstoß zur Ausführung) bewirken.
Die der Sammelaufforderung zugehörigen Anschlüsse sowie Art und Inhalt der zu übertragenden Fernwirkinformation werden in der THZ zur Ausführung bereitgehalten. Die nach Ausführung einer Sammelaufforderung ggf. gesammelten Daten werden in der THZ zwischengespeichert und von der Leitstelle in einem gesonderten Übermittlungsvorgang abgefordert.

Sammelaufforderung 1 Mit der Sammelaufforderung 1 werden Fernwirkinformationen zu Gruppen von bis zu 50 TEMEX-Anschlüssen der Ausführungen B bis G, mit Ausnahme von E1, übertragen.

Die Fernwirkaußenstellen sowie Art und Inhalt der Fernwirkinformation werden mittels Editiervorgang von der Leitstelle festgelegt und geändert. Der Anstoß zur Ausführung erfolgt von der Leitstelle zu beliebiger Zeit mit einem Starttelegramm.

Sammelaufforderung 2 Mit der Sammelaufforderung 2 werden Fernwirkinformationen zu Gruppen von bis zu 50 TEMEX-Anschlüssen der Ausführung E1 übertragen.
Die Fernwirkaußenstellen sowie Art und Inhalt der Fernwirkinformation werden mittels Editiervorgang von der Leitstelle festgelegt und geändert. Der Anstoß zur Ausführung kann von der Leitstelle nur an höchstens 5 festgelegten Tagen eines Kalendermonats, nur einmal zu einem beliebigen Zeitpunkt innerhalb dieses Tages erfolgen (Zeitfenster). Die Ausführungstage werden vom Teilnehmer in schriftlicher Form festgelegt.

Sammelaufforderung 3 Mit der Sammelaufforderung 3 werden Fernwirkinformationen zu festgelegten Zeiten und in festgelegten Zyklen (monatlich, wöchentlich oder täglich) zu Gruppen von bis zu 50 TEMEX-Anschlüssen gleicher Ausführung übertragen. Die Ausführung erfolgt direkt von der THZ. Zeiten, Zyklen, betroffene Fernwirkaußenstellen und Inhalt der Fernwirkinformationen werden vom Teilnehmer in schriftlicher Form festgelegt.

Umleitung von Fernwirkinformationen zu anderen Leitstellen
Betrieb von Ersatzleitstellen Fallweise kann eine Fernwirkleitstelle für eine andere als Ersatzleitstelle fungieren. Bei fehlender Betriebsbereitschaft der Primärleitstelle leitet die TEMEX-Hauptzentrale automatisch den Austausch von Fernwirkinformationen zur Ersatzleitstelle um.

Betrieb von Folgeleitstellen Für den Meldeanteil der Fernwirkaußenstellen TSS 11, TSS 13a, TSS 13b, TSS 14, TSS 14m, TSS 15a und TSS 15b können bis zu zwei Folgeleitstellen für alle Fernwirkaußenstellen einer Leitstelle eingerichtet werden (globale Folgeleitstelle), an die gleichzeitig die an die Primärleitstelle gerichteten Meldungen geleitet werden.
Zusätzlich kann jeder einzelnen Fernwirkaußenstelle eine weitere Folgeleitstelle zugewiesen werden.

5.4.3 Ohne Formulare geht es nicht

Um die Vielfalt der TEMEX-Betriebsmöglichkeiten in Anspruch nehmen zu können, muß man der DBP einen Auftrag erteilen. Der Auftrag, der über eine im vorangegangenen Absatz beschriebenen Anwendungsmöglichkeiten für Fernwirkleitstellen und Fernwirkaußenstellen erteilt werden kann, ist immer der Anmeldestelle eines Fernmeldeamtes zu erteilen. Federführend für die Bearbeitung von Aufträgen im TEMEX-Dienst ist das Fernmeldeamt,

Leitstellen	Der DBP zu erteilende Aufträge		
	Art	Fbl. Nr.	Anlage
TSS 31 Direktrufanschluß der Gruppe A	1. Auftrag im TEMEX-Dienst 2. Auftrag im Datenübermittlungsdienst (Direktrufanschlüsse/Direktrufverbindungen)	932 035 000-6 932 014 000-1	8.1. A.Bl.1/2 8.1. A.Bl.3/4
TSS 32 Wählanschluß mit analogem Anschaltepunkt	1. Auftrag im TEMEX-Dienst 2. Auftrag im Telefondienst	932 035 000-6 932 001 000-0	8.1. A.Bl.1/2 8.1. B.Bl.1
TSS 33 Wählanschluß der Gruppe L	1. Auftrag im TEMEX-Dienst 2. Auftrag im Datenübermittlungsdienst (leitungsvermittelte Wählanschlüsse)	932 035 000-6 931 007 000-3	8.1. A.Bl.1/2 8.1. C.Bl.1/2
TSS 34 Wählanschluß der Gruppe P	1. Auftrag im TEMEX-Dienst 2. Auftrag im Datenübermittlungsdienst (paketvermittelte Wählverbindungen) 3. Zusatzblatt zum Auftrag im Datenübermittlungsdienst	932 035 000-6 932 017 000-8 932 037 000-7	8.1. A.Bl.1/2 8.1. D.Bl.1/2 8.1. E.Bl.1
TSS 17 Einfachleitstelle am TNA	1. Auftrag im TEMEX-Dienst	932 035 000-6	8.1. A.Bl.1/2

Bild 5.17: Aufträge Fernwirkleitstellen.

in dessen Zuständigkeitsbereich sich die TEMEX-Zentrale oder TEMEX-Konzentratoreinrichtung befindet. Hier müssen auch die unterschiedlichen Formblätter ausgefüllt und rechtsverbindlich unterschrieben werden. Für die Bereitstellung von TEMEX-Fernwirkaußenstellen (Nutzer) und TEMEX-Fernwirkleitstellen (Anbieter) sind unterschiedliche Formblätter zu benutzen. In Bild 5.17 und 5.18 wurden die Auftragsmöglichkeiten mit den dazugehörigen derzeit gültigen Auftragsformblättern der DBP zusammengefaßt und zugeordnet.
Hierbei wird deutlich, daß in jedem Fall, sei es bei der Auftragserteilung für eine Fernwirkleitstelle oder für eine Fernwirkaußenstelle, das Auftragsformblatt »Auftrag im TEMEX-Dienst« erforderlich ist (siehe 8.1.A, Blatt 1 und 2). Werden bei Fernwirkaußenstellen mehr als eine Schnittstelle beauftragt, wird auch das »Zusatzblatt zum Auftrag im TEMEX-Dienst« erforderlich (siehe 8.1.F, Blatt 1). Bei der Erteilung von Aufträgen für Fernwirkleitstellen wird immer zusätzlich ein Auftrag über den Telekommunikationsdienst benötigt, über den die Fernwirkinformationen zur TEMEX-Vermitt-

Außenstellen	Der DBP zu erteilende Aufträge		
	Art	Fbl. Nr.	Anlage
Ausführung A1 – G3 (TSS 11 – TSS 15b)	1. Auftrag im TEMEX – Dienst 2. Zusatzblatt zum Auftrag im TEMEX – Dienst	932 035 000 – 6 932 036 000 – 1	8.1. A.Bl.1/2 8.1. F.Bl.1

Bild 5.18: Aufträge Fernwirkendstellen.

lungstechnik übermittelt werden (z.B. Wählanschluß der Gruppe L oder P). Da bis zur Inbetriebnahme eines TEMEX-Anschlusses sehr viele unterschiedliche Tätigkeiten verrichtet werden müssen, wurden die Arbeitsabläufe der DBP in einem Arbeitsverfahren geregelt. Ein Fernwirkanbieter wird in der Regel auch die TEMEX-Anschlüsse zur Anschaltung von Fernwirkaußenstellen beauftragen. In diesem Fall sind alle erforderlichen Formblätter von dem Fernwirkanbieter auszufüllen und zu unterschreiben. Beauftragt dagegen ein Inhaber von Fernwirkaußenstellen einen TEMEX-Anschluß, so muß der Fernwirkanbieter seine Einverständniserklärung auf dem Auftrag schriftlich durch seine Unterschrift abgeben. Diese Angabe kann selbstverständlich dann entfallen, wenn Nutzer und Anbieter ein und dieselbe Rechtsperson sind. Vom Tage der betriebsfähigen Bereitstellung des Anschlusses werden dann auch die entsprechenden Gebühren durch die DBP berechnet. Kann der Anschluß zu dem vom Teilnehmer gewünschten Termin und von der DBP bestätigten Termin nicht betriebsfähig übergeben werden, weil z.B. die private Endeinrichtung des Kunden nicht betriebsbereit oder noch nicht vorhanden ist, wird dem Auftragserteiler eine Frist von längstens 14 Tagen eingeräumt, innerhalb der die Hinderungsgründe für die betriebsfähige Bereitstellung des Anschlusses beseitigt sein müssen. Sind die Hinderungsgründe innerhalb dieses Zeitraumes nicht beseitigt, wird der Anschluß betriebsfähig bereitgestellt. Mit diesem Tage beginnt auch die Gebührenpflicht. TEMEX-Anschlüsse für die Anschaltung von Fernwirkaußenstellen unterliegen einer Mindestüberlassungsdauer von vier Monaten. Werden diese Anschlüsse vor Ablauf der Mindestüberlassungszeit vorzeitig aufgegeben, so sind der DBP die entsprechenden Restgebühren bis zum Ablauf der Mindestüberlassungszeit zu entrichten.

6 Die Dienstleistung im Gesamtsystem

6.1 Betrieb der Dienstleistungszentrale

Die Realisierung des Leitstellenbetriebs differiert sicher stark in Abhängigkeit von der durch TEMEX zu erbringenden Dienstleistung. Wenn der Anbieter z.B. nur eine Dienstleistung »Ablesen des Füllstandes eines Zigarettenautomaten« realisieren möchte, kann er mit minimalen betrieblichen Anforderungen diese Anwendung verwirklichen.
Er wird z.B. bei seinem sonst für die Textverarbeitung genutzten PC morgens zu einer bestimmten Zeit nur im »Menü« den Programm-Punkt »Ablesen über TEMEX« aufrufen. Sein PC wechselt in das TEMEX-Fernwirkprogramm und stellt die Verbindung mit dem TEMEX-Rechner her. Mit Hilfe einer vorgefertigten Routine bzw. über eine »Sammelaufforderung« können dann die aktuellen Füllstände der Automaten in den PC geladen und die Verbindung wieder abgebrochen werden. Ein im PC nun vorgesehener Programmteil druckt dann z.B. eine entsprechende Nachfülliste für die heutige Rundfahrt aus.
Aus dem aufgezeigten Anwendungsbeispiel wird ersichtlich, daß die Anforderungen für den Leitstellenbetrieb hauptsächlich von den Anforderungen der Mehrwertdienstleistung bestimmt werden. Dies soll mit der Darstellung eines anderen Beispiels noch einmal verdeutlicht werden.

6.1.1 Beispiel eines Leitstellenprogramms

Es soll einmal angenommen werden, daß die TEMEX-Leitstelle mit Hilfe eines PC bzw. Rechners mit Terminals realisiert wird. Der Bediener wird in diesem Falle eine entsprechend auf den Leitstellenbetrieb zugeschnittene »Oberfläche« angeboten bekommen, um möglichst übersichtlich über die wesentlichen Status-Meldungen und die z.Z. eingetroffenen TEMEX-Meldungen gut informiert zu sein.
In der Beispieloberfläche (siehe Bild 6.1) wird in den oberen drei »Fenstern« jeweils eine TEMEX-Meldung angezeigt, während das mittlere Feld gesammelt alle anstehenden TEMEX-Meldungen nach laufender Nummer, Zeitpunkt des Auftretens und dem Inhalt auflistet. In den beiden unteren Bildschirmzeilen wird in sogenannten Statusanzeigen dargestellt, ob die Fernwirkleitstelle sich z.Z. »ONLINE« bzw. in dem Zustand »LOGON« befindet, und ob der Protokolldrucker bereit ist.

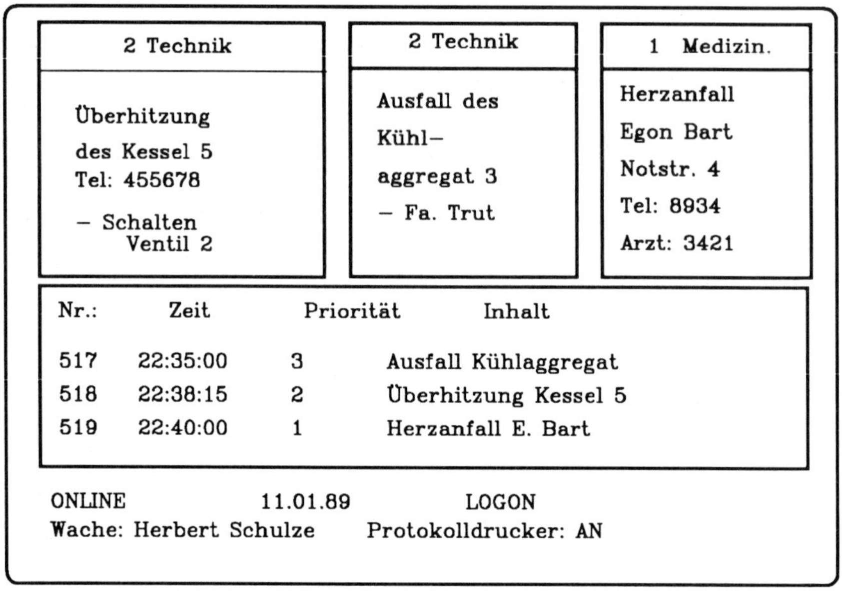

Bild 6.1: Bildschirmdarstellung des FWLSt-PC (Beispiel).

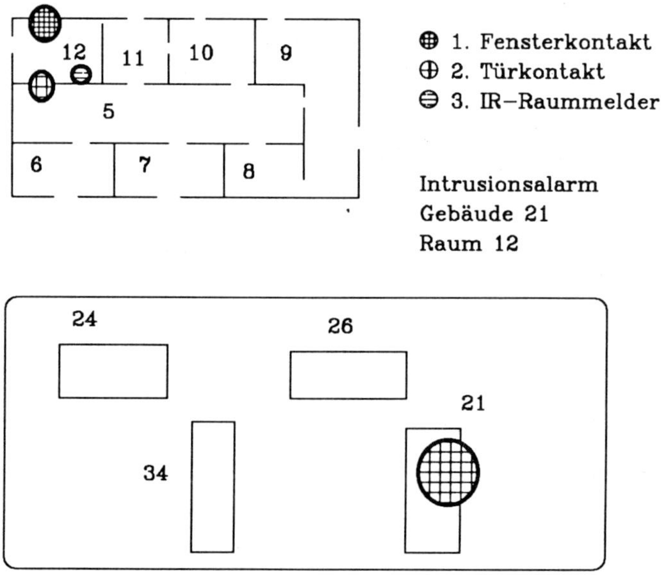

Bild 6.2: Darstellungsbeispiel »Objektsicherung«.

Das Fernwirkleitstellen-Programm kann in seiner Darstellung der über TEMEX übermittelten Fernwirkinformation beliebig komfortabel ausgestaltet sein. Im Falle einer Objekt-Sicherung kann z.B. auch der Grundriß des betroffenen Gebäudeteils mit der genauen Stelle des Melders (Türkontakt, Sensor etc.) dargestellt sein (siehe Bild 6.2).
Da die TEMEX-Fernwirkinformation direkt an weitere Statistik-Module innerhalb der Fernwirkleitstelle weitergereicht werden kann, ist eine aufgearbeitete Darstellung einer Umweltmessung bzw. einer Erfassung von Druck, Temperatur etc. in grafischer Form sofort realisierbar.

6.1.2 Besondere räumliche Voraussetzungen

Da TEMEX eine ständig überwachte Verbindung zwischen dem TNA und der Leitwarte sicherstellt, bieten sich besonders TEMEX-Anwendungen im Bereich der Gefahrenmeldetechnik an. Ein Anbieter sollte sich in diesem Fall bei den für diese Anwendung kompetenten Institutionen wie dem Verband der Sachversicherer (VdS) über die besonderen betrieblichen Auflagen zur Realisierung einer Sicherheits-Leitwarte erkundigen.
Es kann in diesem Fall zum Beispiel eine besondere räumliche wie auch personelle Ausstattung notwendig werden. Eine »Überwachung« eines Zustandes des Kundenobjektes erfordert natürlich einen 24-Stunden-Betrieb der Leitwarte. Bei Objektsicherung wird eine Alarmverfolgung durch qualifizierte Fachkräfte notwendig sein, bzw. der Herbeiruf von Hilfskräften unterschiedlicher Fachbereiche notwendig werden (z.B. Arzt, Feuerwehr, Polizei, Glaser etc.). Im Störungsfall sind je nach Dringlichkeit der TEMEX-Meldung unterschiedliche »Herbeirufverfahren« (Hilfskräfte) einzusetzen.
Man kann daraus erkennen, daß die Entwicklung einer TEMEX-Dienstleistung nur am Rande noch von der eigentlichen TEMEX-Technik bestimmt wird und daß die betrieblichen Auflagen vom Spektrum der vom Anbieter realisierten TEMEX-Dienstleistungen abhängig sein werden.
Im Abschnitt 6.3 soll daher auf die durch das TEMEX-Übertragungssystem gegebenen besonderen Möglichkeiten zur Sicherung der Fernwirk-Anwendung im Rahmen eines Gesamtsystem-Denkens eingegangen werden.

6.2 Anforderung an das Personal

6.2.1 Betrieb der Leitwarte

In dem vorherigen Abschnitt wurde verdeutlicht, daß als Bedienungspersonal der Fernwirkleitstelle unterschiedliche Qualifikationen verlangt werden. Der Anbieter einer Dienstleistung sollte daher erwägen, bestimmte TEMEX-Anwendungen nicht ausschließlich mit der eigenen Dienstleistungszentrale zu verwirklichen, sondern in Kooperation mit anderen Fach-Anbietern

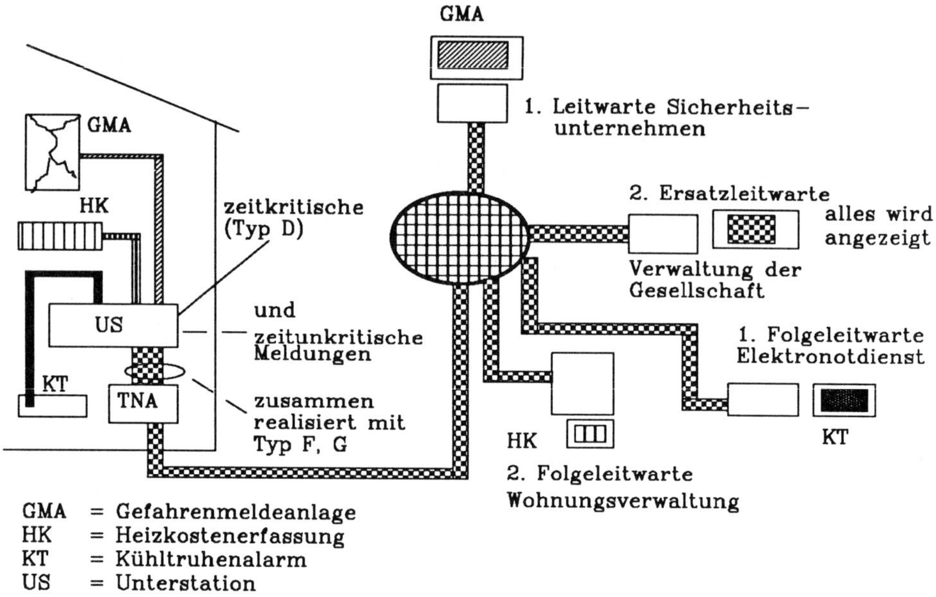

Bild 6.3: Kooperation zur verteilten Dienstleistung.

(siehe Bild 6.3). In dem Beispiel wird die Information der zeitkritischen Gefahrenmeldeanlage mit den zeitunkritischen Verbrauchserfassungen über eine TEMEX-Schnittstelle des Typs F bzw. G übertragen. Die verschiedenen (verteilte Dienstleistung) Leitwarten erhalten alle die gleiche Information. Ein »Software«-Filter läßt jedoch nur die jeweils gewünschte Information durch. In dem Abschnitt 6.5 »Verträge« wird noch einmal auf diese Möglichkeit der aufgeteilten Dienstleistung eingegangen.

6.2.2 Installation und Wartung

An dem TEMEX-Netzabschluß werden die privaten Fernwirknetze mit einer Schnittstelle des Post-TEMEX-Netzes verbunden. An dieser Schnittstelle muß daher neben den elektrischen Eigenschaften auch auf die Einhaltung der betrieblichen Aspekte zur Sicherung eines störungsfreien Telefon- bzw. TEMEX-Dienstes geachtet werden. Um die einwandfreie Installation sicherzustellen, wird mit Hilfe einer »Zulassung zum Errichten, Ändern und Instandhalten privater Endstelleneinrichtungen« sichergestellt, daß die verantwortliche Fachkraft die geforderten postspezifischen Kenntnisse erworben hat.

Der Antrag zur Zulassung wird – wie bei allen entsprechenden Zulassungen – an das Zentralamt für Zulassungen im Fernmeldewesen (ZZF, Postfach

3050, 6600 Saarbrücken) gerichtet. Die Verfahren und Regelungen zur Zulassung werden in der vorläufigen Richtlinie ZZF 9 R 100 geregelt (siehe Kapitel 7).

6.3 Die gesicherte Fernwirkinformation

In den vorherigen Abschnitten wurde mehrfach darauf hingewiesen, daß bei der Planung und Realisierung einer Fernwirkanwendung notwendigerweise die Dienstleistung verwirklicht mit einem Gesamt-Fernwirksystem zu betrachten ist. Dem Kunden zeigen sich Leistungsstörungen nur als Störung der Dienstleistung. Der Planer sollte daher sich bei der Technik und den betrieblichen Lösungsansätzen bemühen, Redundanzen im Bereich der Technik (z.B. zwei Leitstellen) und Betrieb vorzusehen.
In dem Bild 6.4 wird dargestellt, daß z.B. eine sicherheitsrelevante Fernwirkinformation niemals nur durch einen einfachen Zustandswechsel einer Meldelinie übertragen werden sollte, sondern durch Kontrollfunktionen in der lokalen Unterstation (Gefahrenmeldeanlage) vielmehr ein Plausibilitätstest zur Überprüfung mit eingeplant sein sollte.
Durch einen Rückkanal (TSS-12-Schaltbefehl) kann die lokale Unterstation in einen Prüfstatus geschaltet werden, bei dem z.B. Batteriespannungen und Leitungsführungen abgeprüft werden. Eine Aussage, ob z.b. die Doppeladerverbindung von TNA zum potentialfreien Meldekontakt unter-

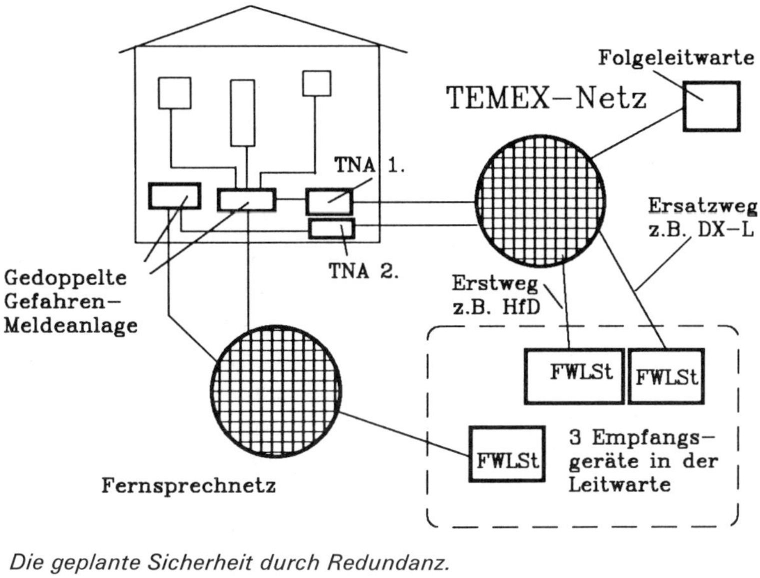

Bild 6.4: Die geplante Sicherheit durch Redundanz.

brochen bzw. kurzgeschlossen ist, kann schon helfen, den Zustandswechsel an der TEMEX-Schnittstelle qualifizierter in der Leitwarte zu bewerten.
Bei einer Nutzung der seriellen Schnittstellen lassen sich schon komfortablere »Sicherungen« einbauen. Durch das Einbinden von Prüfbits und die Möglichkeit, in der Rückrichtung (Befehlsrichtung) als Fernbedienung die Unterstation in unterschiedliche Betriebszustände zu versetzen, kann diese Art der Fernwirkverbindung – entsprechend dem Stand der heutigen Technik – genug Sicherungen einbauen, um Fehlinterpretationen bzw. Sabotagen weitgehend auszuschließen.
Auf der anderen »Seite« des Fernwirknetzes – an der Leitstelle – kann gleichfalls durch eine sorgfältige Planung eine vom Anwender über die eigentliche TEMEX-Verbindung hinausgehende Sicherung der Anwendung vorgenommen werden. Der Anwender sollte z.B. in Abwägung der »Sicherheitseinstufung« zur Übertragung des Zustandswechsels eine »Mehrwegeführung« mit Ersatzschaltungen einplanen. Bei diesen sicherheitsrelevanten Verbindungen ist die Investition im Endgerätebereich und die eventuell anfallende zusätzliche Fernmeldegebühr sicherlich zweitrangig gegenüber dem Gebot, dem Kunden eine gutdurchdachte Systemlösung anzubieten. Im folgenden Abschnitt soll daher auf die bei TEMEX besonderen Möglichkeiten zur anwenderseitigen Sicherung der Fernwirkverbindung bei Ausfall von TEMEX-Netzabschnitten besonders eingegangen werden.

6.4 Berücksichtigung von Systemausfällen

Die einfachste Möglichkeit, die statistische Ausfallwahrscheinlichkeit eines Gesamtsystems zu verringern, besteht darin, die wichtigsten Komponenten doppelt auszuführen. Diese, auch in der modernen Weltraumfahrt praktizierte, notwendige Redundanz muß jedoch konsequent das gesamte System betreffen. Wenn z.B. die Post bei Ausfall eines TEMEX-Rechners automatisch – für den Anwender ohne Verzögerung – auf einen parallelbetriebenen Ersatz-Rechner umschaltet, so wird dadurch sicher die Ausfallwahrscheinlichkeit des Gesamtsystems verbessert, eine vollständige Redundanz liegt jedoch erst vor, wenn in allen Abschnitten des Gesamtübertragungssystems eine entsprechende Ausfallwahrscheinlichkeit durch konstruktive Hilfsmittel erreicht wird.
Die Post wird den technischen und betrieblichen Aufwand jedoch mit den entstehenden Kosten in ein wirtschaftlich sinnvolles Gleichgewicht bringen müssen, da ja z.Z. keine gebührenrelevante Differenzierung zwischen einer gesicherten Fernwirkverbindung (z.B. Gefahrenmeldetechnik) und

z.B. einer simplen Fernwirkfunktion (das Einschalten der Weihnachtsbeleuchtung) erfolgt. Ein Kunde würde es sicher für unwirtschaftlich erachten, wenn er beim Kauf eines Fahrzeugs der oberen Mittelklasse automatisch schußsichere Scheiben mitkaufen müßte, weil einige Fahrer dieses Fahrzeugs – für ihren Anwendungsfall – diese Fahrzeugmerkmale benötigen. Mit einem Jahresmietzins in der Größenordnung einer Kreditkartengebühr läßt sich eben nur ein »mittlerer« Aufwand seitens der Post rechtfertigen.

Wenn der Anwender eine besondere Ausfallwahrscheinlichkeit für seine Fernwirkanwendung in Anspruch nimmt, sollten alle mittels einer Schwachstellenanalyse ermittelten Übertragungsabschnitte des Gesamtsystems entsprechend gestaltet werden. Das Bild 6.4 zeigt als vereinfachte Darstellung eine entsprechende Realisierung.

Es ergibt sich dann z.B. die Notwendigkeit, schon bei der Entwicklung des Endgerätes und der Ausführung der Hausinstallation den Ausfall von Baugruppen zu berücksichtigen. Im eigentlichen Netzübertragungsabschnitt sollte dann eine »Zweiwegeführung« von dem Ausfall des TEMEX-Systems unabhängig machen. Durch Nutzung verschiedener Netze (z.B. Telefonnetz, Datex-P, HfD, etc.) wird die Übertragung bis zur Leitwarte unabhängig von zentralen Netzstörungen.

Da der Anbieter im Wettbewerb seine Dienstleistungsqualität am Markt vorhalten möchte, sollte auch bei nicht ganz so sicheren TEMEX-Übertragungen ein Minimum an Redundanz an dem neuralgischen Punkt der Fernwirkleitstelle vorgehalten werden. Im Bild 6.4 wird daher auf eine »Zweiwegeführung« zur Vermeidung von Ausfällen bei einer für den 24-Stundenbetrieb ausgelegten Leitstelle hingewiesen. Die dort dargestellte Ersatzleitwarte kann z.B. auch die Leitwarte eines Kooperationspartners sein, mit dem eine auf Gegenseitigkeit abgeschlossene Vereinbarung getroffen wurde. Sobald die Verbindung zur Regelleitwarte unterbrochen wird, daß heißt auf OFF-LINE schaltet, wird der TEMEX-Rechner diese Ersatzleitwarte ON-LINE schalten. Diese Umschaltung kann z.B. auch betrieblich gewollt jeweils zur Nachtabfrage ab 18 Uhr erfolgen.

Ein weiteres, erwähnenswertes TEMEX-Dienstleistungsmerkmal zur Erhöhung der Sicherheit ist die Möglichkeit, auf einer sogenannten »Zweitleitwarte« TEMEX-Meldungen nur mitzulesen, um z.B. an verschiedenen Orten den Ausfall eines Systems signalisiert zu bekommen. In der Befehlsrichtung ist jedoch nur die angemeldete »Erstleitwarte« aktiv, da sonst Fehlfunktionen nicht auszuschließen wären. Durch die interessante Möglichkeit, eine reine »Mitleseleitwarte« einzusetzen, kann. z.B. neben der im Kapitel 3 dargestellten »verteilten Dienstleistung« auch eine mehrfache Protokollführung sicherheitsrelevanter Meldungen erreicht werden.

6.5 Vertragsverhältnisse

Aus dem im Kapitel 3 dargestellten Bild 3.2 wird deutlich, daß es im Idealfall einer Dienstleistung »Service aus einer Hand« vom Kunden zum Anbieter der Dienstleistung nur einen Dienstleistungsvertrag geben wird, der alle Aspekte der Dienstleistung abdeckt. Der Kunde wird in diesem Fall auch nicht die anfallenden TEMEX-Gebühren an die Post entrichten. Bei einer weniger integrierten Lösung wird der Kunde ein Vertragsverhältnis zur Post und zum Anbieter der Dienstleistung abschließen, eine weitere Aufgliederung z.B. in die Bereiche Endgerätelieferant, Wartungsunternehmer, Dienstleister und Post würde dem Kunden keinen Vorteil bringen, da im Falle einer Leistungsstörung (Gewährleistung) für ihn zu viele Ansprechpartner vorhanden wären.
In dem Modell »Service aus einer Hand« werden alle notwendigen Verträge zwischen den Kooperationspartnern von dem Dienstleistungsanbieter abgewickelt. Es wird sich daher eine Vielfalt von möglichen Konstruktionen auf dem Markt entwickeln. Es soll hier nur darauf hingewiesen werden, daß die Post es dem Anbieter ermöglicht, auch für den Nutzer die Fernmeldegebühren der TEMEX-Nutzeranschlüsse zu zahlen.
Falls bei der TEMEX-Dienstleistung Gesetze, Bestimmungen, Verordnungen (z.B. Bundes- oder Landesdatenschutzgesetze) tangiert werden, so wird der Anbieter dieser Dienstleistung verpflichtet sein, diese Rahmenbedingungen einzuhalten und entsprechende Abschnitte seines Vertrages mit dem privaten Nutzer – seinem Kunden – mit z.B. einer Einverständniserklärung zu versehen. Wenn der Kunde bei der TEMEX-Anwendung »Medizinischer Alarm« sich einverstanden erklärt, daß seine Herztöne zu seinen Schutz in bestimmten Abständen übertragen werden, zwischengespeichert (in der FWLSt) und sonst an Dritte diese personenbezogenen Daten nicht abgegeben werden dürfen, so wird sicher die persönliche Freiheit des Kunden gewahrt bleiben.

7 Zulassung

7.1 Allgemeines zur Zulassung

Basierend auf einer gesetzlichen Grundlage darf grundsätzlich nur die DBP Fernmeldeanlagen errichten und betreiben. Dieses führt zu Regelungen, die die Anschaltung von Fernmeldeeinrichtungen an das Telekommunikationsnetz der DBP festlegen. Hierbei werden bestimmte Voraussetzungen an die Geräte selber und an die Personen, die evtl. diese Einrichtungen an das Telekommunikationsnetz anschließen, gestellt. Die DBP fordert für diese Fälle eine Zulassung. Diese Zulassung soll sicherstellen, daß

- durch Anschaltung oder Errichtung und Betrieb von Fernmeldeeinrichtungen die Telekommunikationsnetze der DBP und Personen nicht geschädigt oder gefährdet werden,
- die Fernmeldeeinrichtungen mit den Einrichtungen der DBP störungsfrei zusammenarbeiten,
- die technischen und betrieblichen Funktionsbedingungen (TbF) der jeweiligen Fernmeldedienste erfüllt und unzulässige Leistungsmerkmale ausgeschlossen werden,
- beim Betrieb von Fernmeldeeinrichtungen vermeidbare Störungen anderer oder durch andere ausgeschlossen sind,
- die Grenzwerte der Funkstörungen und -strahlung eingehalten werden. Das Hochfrequenzgerätegesetz gilt nicht für Fernmeldeeinrichtungen.

Nicht zugelassen werden Einrichtungen, deren Funktion oder deren vorgesehener Verwendungszweck offensichtlich gegen geltendes Fernmelderecht verstößt. Als Zulassungsbehörde für die Vergabe von Zulassungen wurde das

Zentralamt für Zulassungen
im Fernmeldewesen
Postfach 3050
6600 Saarbrücken

geschaffen. Nach fest vorgegebenen Antragsverfahren werden von hier aus alle Zulassungen erteilt.

7.2 Die Situation von TEMEX

TEMEX unterscheidet sich von anderen Diensten der DBP dadurch, daß die DBP kein direktes Geschäftsverhältnis mit den Teilnehmern hat, sondern ihren Dienst anderen Dienstleistungsunternehmen anbietet, die darauf aufsetzend eine Anwendung auf dem Markt anbieten. Die DBP tritt dem Kunden gegenüber nur in Erscheinung, indem sie den TNA installiert, wobei dies auch nicht immer beim Kunden direkt passieren muß, sondern auch bei einem benachbarten Telefonanschluß sein kann.
Die DBP sieht letztendlich nicht einmal, welche Fernwirkendeinrichtungen am TNA installiert werden, da dies von dafür zugelassenen Fachkräften getan werden kann. Von daher legt die DBP gerade bei TEMEX großen Wert darauf, daß eine Einrichtung geprüft und zugelassen wurde. Im Hinblick auf die Unterstützung der postfremden Installateure erscheint dies der DBP besonders wichtig. Bei diesem Dreiecksverhältnis Post, Diensteanbieter (Leitstellenbetreiber) und Nutzer ist die DBP an einer engen Zusammenarbeit mit Handwerk, Industrie und Verbänden interessiert. Erst in diesem Verbund mit engagierten privatwirtschaftlichen Initiativen kann der neue Dienst für alle ein Erfolg werden. Die Zuständigkeitsabgrenzungen zwischen der DBP und dem privaten Bereich ist am Beispiel einer Hausinstallation auf Bild 7.1 dargestellt.

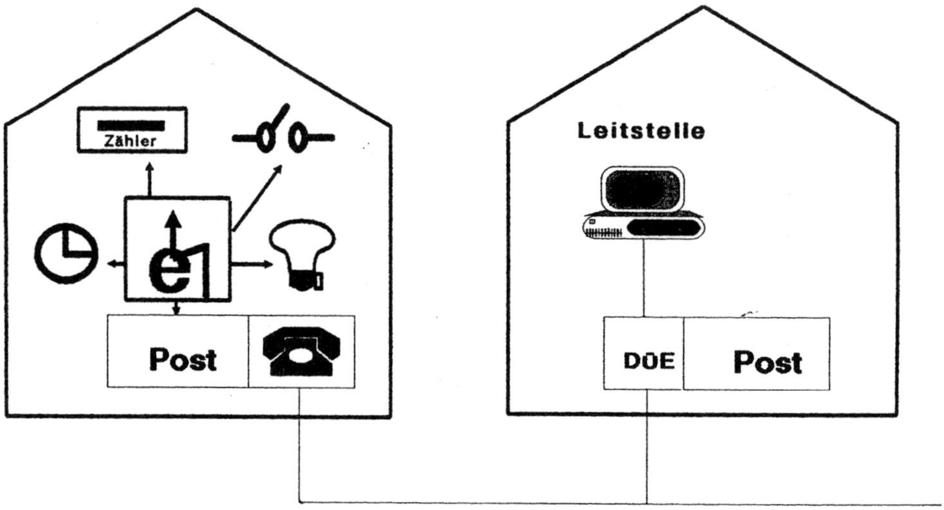

Bild 7.1: Im Haus baut das Handwerk aus.

7.3 Personenzulassung/Gerätezulassung

In diesem Abschnitt wird auf die bisher bekannten Zulassungsregelungen für TEMEX und die beabsichtigten Regelungen der DBP eingegangen. Bekannt ist derzeit nur ein »Vorläufiges vereinfachtes Verfahren für die Zulassung von Fernwirkendeinrichtungen (FWEE) und die Zulassung für Installationsarbeiten an TNA sowie für das Errichten und Instandhalten von FWEE an TNA«. Es ist davon auszugehen, daß die grundsätzlichen Regelungen dieses bisherigen Verfahrens auf die TEMEX-Serientechnik übertragen werden.

7.3.1. Vereinfachtes Zulassungsverfahren für FWEE im Betriebsversuch TEMEX

A. Zulassungspflicht von FWEE

Schnittstellen, über die 8-Bit-Telegramme und Vielfache davon übermittelt werden (hier Protokollschnittstellen genannt), können eine erhebliche Beeinflussung der Dienstgüte im TEMEX-Netz dann verursachen, wenn eine FWEE die gebührenmäßig definierte Grenze der Meldungen/Monat (z.B. 200) regelmäßig oder sporadisch stark überschreitet. Die Grenze der Meldungen/Monat ist im Regelbetrieb einzuhalten.
FWEE für Protokollschnittstellen sind deshalb – auch hinter einer Black Box – zulassungspflichtig. An diese FWEE können über Meldelinien beliebige Aktoren und Sensoren angeschlossen werden, sofern sichergestellt ist, daß die Kommunikation mit dem TNA ausschließlich und verantwortlich durch die Fernwirkendeinrichtung erfolgt.

B. Allgemeine Zulassung

Für den Betriebsversuch ist widerruflich eine Allgemeine Zulassung für einzelne, einfache, mechanische, passive Kontakte durch Amtsblatt-Vfg 533/1987 erteilt worden. Eine entsprechende Erweiterung auf die Systemtechnik ist vorgesehen. Bei einer anderen Gestaltung der 1-Bit-Schnittstelle (z.B. Stromquelle) ist das Gerät zulassungspflichtig.

C. Vereinfachter Ablauf des Zulassungsverfahrens im Betriebsversuch TEMEX

Die Oberpostdirektionen haben dem ZZF für die elf Betriebsversuche je einen Zulassungsbeauftragten benannt, der nach Angaben des ZZF die technischen Messungen durchführt und den Kontakt zu den Antragstellern hält. Bis zur Bereitstellung der Testsysteme ist der Zulassungsbeauftragte am Standort der zentral bereitgestellten Testeinrichtungen zuständig.

Bei diesem Verfahren werden Messung und Bewertung zentral durch das ZZF gesteuert, so daß einheitliche Verfahren und Maßstäbe gelten. Durch die Messung vor Ort ergibt sich eine Beschleunigung des Verfahrens.

D. Abwicklung des vereinfachten Zulassungsverfahrens

Für den Betriebsversuch kommen nur Versuchs- und Erprobungszulassungen in Frage. Die Versuchszulassung wird für FWEE erteilt, die unter Verantwortung des qualifizierten Entwicklers und Antragstellers am TEMEX-Netz entwickelt werden sollen.
Die Erprobungszulassung wird für die betriebliche Erprobung von FWEE erteilt, die unter Verantwortung der Teilnehmer am Netz betrieben werden sollen. Nachbesserungen an fertigen FWEE durch den Hersteller dürfen erst nach Absprache mit dem bei der Zulassung beteiligten örtlichen Zulassungsbeauftragten erfolgen. Ggf. wird eine Zulassungsänderung erforderlich.

Durchführung des Zulassungsverfahrens

a) Der Kunde stellt einen Antrag auf Zulassung seiner FWEE für den TEMEX-Betriebsversuch beim ZZF in Saarbrücken. Die Verwendung des Antragsformblattes des ZZF wird empfohlen. Die Angabe des gewünschten Prüfungsortes ermöglicht die Koordination durch das ZZF für Prüfungsort und -zeit.
Die Darstellung der Schnittstelle zum TNA einschließlich der treibenden oder auswertenden Logik ermöglicht die technische Vorprüfung beim ZZF und die Vorbereitung der Prüfung vor Ort.
Die Bestätigung, daß die Funkstörgrenzwerte sowie die Sicherheitsbestimmungen nach VDE und den örtlichen EVU eingehalten werden und die Kosten für das Zulassungsverfahren übernommen werden, ist in jedem Fall erforderlich.
b) Das ZZF bestätigt den Eingang des Antrages und fordert ggf. Prüfmuster, Unterlagen, Unterschriften und Erklärungen nach.
c) Nach Prüfung der technischen Unterlagen entscheidet das ZZF über die Prüfung vor Ort und koordiniert in diesem Fall den Prüftermin.
d) Das ZZF wertet das Ergebnis der technischen Prüfung, fordert entweder eine Nachbesserung oder erteilt die Zulassung. Eine Abschrift der Zulassung erhalten u.a. die OPDn, die elf Versuchsämter und die Zulassungsbeauftragten.

E. Anschließen der FWEE an die Schnittstellen des TNA

Installationen zur Anschließung oder Anschlußänderung der FWEE am TNA dürfen nur von qualifizierten Personen (z.B. Fachkräfte im Elektro-

handwerk) ausgeführt werden, um u.a. Gefährdungen anderer Meldelinien, die am selben TNA aufliegen, zu vermeiden.
Für den Fall, daß eine besonders zugelassene Anpassungseinrichtung (Black Box) zwischen TNA und FWEE geschaltet ist, kann die Anschließung und freizügige Auswechslung von allgemein zugelassenen FWEE durch Laien auch ohne jeweils einzeln erforderliche Abnahme durch die DBP vorgenommen werden.

F. Umrüstung bestehender Steuereinrichtungen

Für die Umrüstung bestehender Einrichtungen zu einer FWEE mit Protokollschnittstelle gelten die Zulassungsbestimmungen entsprechend. Für diesen Sonderfall der Herstellung muß dem ZZF mit dem Zulassungs-Antrag der Umrüstungsumfang dargestellt werden.

7.3.2 Vorläufige Bestimmungen für die Zulassung für Installations-Arbeiten an TNA sowie für das Errichten und Instandhalten von FWEE an TNA

A. Allgemeines

Diese Bestimmungen regeln das Verfahren und die Voraussetzungen für die Zulassung von Unternehmern/Teilnehmern
- zur Ausführung von Installations-Arbeiten am TNA, die zum Anschließen, Abbrechen oder Ändern der Verbindung zur FWEE erforderlich sind und/oder
- zum Errichten und Instandhalten der zulassungsrelevanten Teile der FWEE, die am TNA angeschaltet sind.

B. Personenkreis

Die Arbeiten dürfen nur von solchen Unternehmern/Teilnehmern durchgeführt werden, die von der DBP die Zulassung dafür erhalten haben. Unternehmer im Sinne dieser Regelung sind natürliche Personen, in die Handwerksrolle eingetragene Betriebe und handelsgerichtlich eingetragene Firmen.

C. Antragsteller, Zulassungsinhaber, verantwortliche Fachkraft

Antragsberechtigt ist der Unternehmer bzw. bei den Zulassungen für die eigenen FWEE der Teilnehmer. Erfüllt ein Unternehmer oder ein Teilnehmer die für die Zulassung notwendigen fachlichen Voraussetzungen nicht selbst, muß er eine bei ihm vollbeschäftigte Fachkraft haben, die diese Voraussetzungen erfüllt.
Der Unternehmer bzw. der Teilnehmer hat, soweit er nicht selbst Fachkraft

ist, die organisatorischen Voraussetzungen nachzuweisen, wodurch die von ihm benannte, verantwortliche Fachkraft in die Lage versetzt wird, die verpflichtenden Bestimmungen für den ordnungsgemäßen technischen Aufbau und die sachgemäße Instandhaltung der FWEE umzusetzen. In besonderen Fällen ist es möglich, zwei oder mehr Fachkräfte zu benennen. Eine Fachkraft kann dabei nur für ein Unternehmen als zuständige Fachkraft benannt werden. Darüber hinaus kann sie jedoch die Zulassung für die eigene FWEE erhalten.

D. Weiterbildung

Der Inhaber der Zulassung bzw. die benannte verantwortliche Fachkraft hat sich in geeigneter Weise über die geforderten Kenntnisse und Fertigkeiten auf dem laufenden zu halten. Die Information über Veränderungen in den Bestimmungen der DBP können z.B. dem Amtsblatt des Bundesministers für das Post- und Fernmeldewesen entnommen werden.

E. Zulassungsverfahren

Antrag Der Antrag auf Zulassung ist vom Unternehmer bzw. Teilnehmer bei der OPD einzureichen, in deren Bezirk sein Geschäfts- bzw. Wohnsitz liegt. Er gibt dabei die Betriebsversuchsgebiete an, in denen er tätig sein will.

Nachweis der Voraussetzungen Die Voraussetzungen für die Zulassung sind dem ZZF nachzuweisen. Dabei bestimmt die DBP eine örtlich nahe gelegene Dienststelle, die diese Voraussetzungen feststellt und sich in einer persönlichen Unterredung insbesondere vergewissert, ob der Antragsteller bzw. die benannte verantwortliche Fachkraft die geforderten postspezifischen Kenntnisse besitzt. Dieses führt vorerst gemäß Abschnitt 7.3.1 C der vom ZZF benannte Zulassungsbeauftragte aus.

Zulassung Die Zulassung wird durch das ZZF erteilt. Die Zulassungsurkunde lautet auf den Namen des Antragstellers und beinhaltet den Namen desjenigen, für den der Nachweis der geforderten Fachkenntnisse erbracht worden ist. Außer in den Fällen nach 7.3.2 G ist die Zulassung nicht übertragbar.

F. Mitteilungspflicht

Der Inhaber der Zulassung hat der DBP unverzüglich mitzuteilen, wenn
- eine der Voraussetzungen für die Zulassung weggefallen ist (z.B. Ausscheiden der in der Zulassung genannten Fachkraft),
- er das Errichten und Instandhalten von FWEE aufgibt,
- sich der Name des Betriebes bzw. der Firma ändert oder die Eintragung in der Handwerksrolle bzw. in das Handelsregister gelöscht wird.

Die DBP kann jederzeit prüfen, ob die Voraussetzungen für die Zulassung noch gegeben sind. In diesen Fällen hat der Unternehmer/Teilnehmer den Beauftragten der DBP die erforderlichen Auskünfte zu geben und diese ggf. durch entsprechende Unterlagen zu belegen.

G. Übertragen und Ändern von Zulassungen

Wechselt der Zulassungsinhaber seine Rechtsform und führt dabei den Nachweis, daß er sich bei der neuen juristischen Person um den alleinigen Rechtsnachfolger handelt, so wird in der Regel die Zulassung auch unbefristet übertragen, wenn die Voraussetzungen für die unbefristete Zulassung zuvor bereits gegeben waren. War die Zulassung befristet, läuft in diesen Fällen die Frist für den Rechtsnachfolger weiter.
Bei Wechsel der Fachkraft oder ggf. Hinzukommen einer weiteren Fachkraft müssen die Zulassungsvoraussetzungen erneut nachgewiesen werden. Dies führt, wie auch die Ausweitung des regionalen Tätigkeitsbereichs, zu einer Änderung der Zulassung.

H. Widerrufen und Erlöschen der Zulassung

Die Zulassung kann widerrufen werden oder erlöschen. In diesen Fällen ist die Zulassungsurkunde der DBP zurückzugeben.

Widerruf der Zulassung

Die Zulassung kann aus wichtigen Gründen widerrufen werden, z.B. wenn
- die Voraussetzungen für eine Zulassung nicht mehr bestehen,
- der Unternehmer/Teilnehmer beim Errichten, Erneuern, Ändern oder Instandhalten von FWEE die Bestimmungen der DBP oder des VDE nicht beachtet,
- FWEE, die der Unternehmer/Teilnehmer errichtet hat, bzw. instandhält, sich als technisch oder betrieblich unzulänglich erweisen,
- der Unternehmer/Teilnehmer die Instandhaltung der FWEE vernachlässigt,
- der Unternehmer/Teilnehmer die FWEE eigenmächtig in unzulässiger Weise ändert.

Die Zulassung zum Errichten – ggf. auch zum Instandhalten – kann je nach Schwere der Fälle ganz, für einen bestimmten Zeitraum oder für einen bestimmten Bereich ggf. auch in vollem Umfang widerrufen werden. Über den Widerruf entscheidet das ZZF.
Anstelle der vorgenannten Maßnahmen kann das ZZF die Erfüllung der dem Unternehmer/Teilnehmer obliegenden Pflichten durch Verwaltungsakt im Einzelfall anordnen und nach den Vorschriften des VwVG durchsetzen.

Erlöschen der Zulassung

Die Zulassung erlischt mit Ablauf der Zulassungsfrist, oder wenn

- der Zulassungsinhaber das Errichten und Instandhalten von FWEE aufgibt,
- die eingetragene Firma gelöscht wird oder
- keine in der Zulassung genannte Fachkraft mehr im Unternehmen tätig ist.

I. Beschäftigung von Subunternehmern – Zulassungsarten

Bei Beschäftigung von Subunternehmern einschließlich Hilfsbetrieben und sogenannten handwerklichen Nebenbetrieben, die letztlich im Auftrag und Namen des zugelassenen Unternehmers arbeiten, bleibt die Verantwortung für die ausgeführten Arbeiten beim zugelassenen Unternehmer.

Zulassungsarten für Installations-Arbeiten am TNA sowie zum Errichten und Instandhalten von FWEE

Unternehmerzulassung Diese Zulassung erlaubt das gewerbsmäßige Errichten und Instandhalten von FWEE sowie Installations-Arbeiten am TNA im Geltungsbereich dieser Bestimmungen. Bei der erstmaligen Erteilung wird die Zulassung zunächst auf die Dauer des Betriebsversuchs befristet oder unbefristet erteilt werden.

Teilnehmerzulassung Diese Zulassung erlaubt das Errichten und Instandhalten der eigenen FWEE sowie das Installieren dieser am TNA. Bei der erstmaligen Erteilung wird die Zulassung zunächst auf die Dauer des Betriebsversuchs befristet. Nach Ablauf der Zulassungsfrist kann die Zulassung erneut befristet oder unbefristet erteilt werden. Die unbefristete Verlängerung der Zulassung setzt voraus, daß der Teilnehmer seine FWEE innerhalb dieses Zeitraums ohne wesentliche Mängel errichtet und instandgehalten hat.
In besonders begründeten Ausnahmefällen kann die Zulassung auf FWEE anderer Teilnehmer ausgedehnt werden, wenn die betreffenden Teilnehmer wirtschaftlich so eng miteinander verknüpft sind, daß sie als wirtschaftliche Einheit angesehen werden können. Dabei muß der Teilnehmer nachweisen, daß er (oder die Fachkraft) vom Umfang der Arbeiten her in der Lage ist, die betreffenden Anlagen ordnungsgemäß zu errichten und instand zu halten.

J. Fachliche Voraussetzungen

Berufsspezifische Voraussetzungen

Als berufsspezifische Voraussetzungen müssen folgende Fachkenntnisse nachgewiesen werden:

- Schaltungslehre; Lesen und Anfertigen von Stromlaufzeichnungen, Aufbauzeichnungen, Systemschaltbildern, Funktionsdiagrammen, Programmabläufen usw.;
- Bauelemente und Bauteile der TEMEX-Technik, ihre Eigenschaften und – soweit dies in Frage kommt – ihre Einstellmöglichkeiten;
- Elektromechanische und elektronische Baugruppen, Geräte usw., die in der TEMEX-Technik verwendet werden;
- Wirkungsweise und Aufbau von FWEE einschließlich Stromversorgungseinrichtungen;
- Eigenschaften und Verwendungsmöglichkeiten der gebräuchlichen Leitungsarten, der Kabel und Isolierstoffe sowie der verschiedenen Verlegungsarten;
- Zusammenwirken der FWEE mit den TNA und den Zentralen des öffentlichen TEMEX-Netzes;
- Übertragungstechnische Bedingungen;
- Messen und Berechnen der elektronischen Werte Spannung, Strom, Widerstand, Dämpfung;
- Errichten und Instandhalten (u.a. Prüfen, Instandsetzen, Ändern) von FwEE;
- Bestimmungen des VDE (z.B. VDE 0800), der örtlichen EVU und der DIN-Normen, soweit sie für FWEE bedeutsam sind.

Die vorgenannten Fachkenntnisse werden von der DBP nicht im einzelnen überprüft.
Die berufspezifischen Voraussetzungen für die Zulassung zum Errichten, Ändern und Instandhalten privater Endstelleneinrichtungen sind aus dem Zulassungsantrag der Anlage in Kapitel 8.2 ersichtlich.

Voraussetzungen für die Teilnehmerzulassungen

Für die Zulassung zum Errichten und Instandhalten der eigenen FWEE genügt es, wenn der Antragsteller nachweist, daß er oder die benannte Fachkraft

a) die Industriemeisterprüfung – Fachrichtung Nachrichtentechnik – bestanden hat, und mindestens drei Jahre in einem fernmeldetechnischen Betrieb beschäftigt war, wobei die Tätigkeit überwiegend im Entwickeln, Errichten oder Instandhalten von Fernmeldeanlagen bestand oder

b) die Abschlußprüfung (Fachrichtung Nachrichtentechnik) an einer staatlichen oder staatlich anerkannten Technikerschule bestanden hat und mindestens drei Jahre in einem fernmeldetechnischen Betrieb beschäftigt war, wobei die Tätigkeit überwiegend im Entwicklen, Errichten oder Instandhalten von Fernmeldeanlagen bestand.

Vergleichbare Voraussetzungen

Erfüllt ein Antragsteller oder die verantwortliche Fachkraft die unter a) bzw. b) geforderten Voraussetzungen nicht, so hat er seine Qualifikation in geeigneter Form, z.B. durch den Eintrag in die Handwerksrolle oder durch eine Bescheinigung der dafür zuständigen Stellen, nachzuweisen.
Werden Zeugnisse ausländischer Bildungsstätten vorgelegt, so hat der Antragsteller deren Gleichwertigkeit durch entsprechende deutsche Zeugnisse oder Bescheinigungen der dafür zuständigen Stellen nachzuweisen.
Vergleichbare Voraussetzungen sind gegeben, wenn die geforderte 3jährige Tätigkeit des Planens, Errichtens und Instandhaltens sich auf vergleichbare elektrische oder elektronische Anlagen bezieht, die keine Fernmeldeanlagen sind, und durch eine nachzuweisende Fortbildung die fernmeldetechnischen und TEMEX-spezifischen Kenntnisse vermittelt wurden.

Postspezifische Fachkenntnisse

Die DBP vergewissert sich, ob der Antragsteller bzw. die benannte Fachkraft ausreichende Kenntnisse über die einschlägigen technischen und benutzungsrechtlichen Vorschriften der DBP besitzt, soweit sie für FWEE von Bedeutung sind. Bei Vorliegen einer Zulassung zum Errichten und Instandhalten privater FeNStAnl gemäß Richtlinie ZZF 9 R 101 gelten diese postspezifischen Fachkenntnisse als vorhanden.

Gerätetechnische Voraussetzungen

Der Inhaber der Zulassung muß eine für das Errichten und Instandhalten von FWEE sowie für Installations-Arbeiten an TNA notwendige Organisation und technische Ausstattung vorhalten. Hierzu gehören die Sicherstellung der Entgegennahme von Störungsmeldungen und die Entstörung innerhalb einer vertretbaren Zeit, eine entsprechende Werkstatt, die nötigen Meß- und Prüfgeräte sowie die ausreichende Bevorratung an Ersatzteilen und Ersatzbaugruppen. Die o.a. Forderungen hat der Antragsteller bei der Antragstellung zu dokumentieren. Insbesondere sind vorzuhalten:
a) Die für die Errichtung und Instandhaltung von FWEE und die Ausführung von Installations-Arbeiten an TNA benötigten Werkzeuge;
b) Die üblichen Strom-, Spannungs- und Widerstandsmeßgeräte (einschließlich Isolationsmesser);

c) Geräte zum Überprüfen, Messen und Einstellen der Schnittstellenprotokolle;
d) Meßeinrichtungen zum Prüfen und Messen der übertragungs-technischen Eigenschaften;
e) durch das jeweilige System der zu errichtenden und instandzuhaltenden FWEE bedingte Spezialgeräte für die Störungseingrenzung und Prüfung der Betriebsfähigkeit.

Für die Einrichtungen nach e) genügt der Nachweis, daß diese Geräte im Bedarfsfall zur Verfügung stehen. Bei der Teilnehmerzulassung können die genannten Einrichtungen auf die für das jeweilige System erforderlichen Geräte eingeschränkt sein.

7.4 Änderungen der TEMEX-Zulassung

Das im vorangegangenen Absatz dargelegte Zulassungsverfahren für die TEMEX-Betriebsversuche wird in seiner grundsätzlichen Art auch für die TEMEX-Serientechnik bestehen bleiben. In Arbeit befinden sich ergänzende Regelungen für die TEMEX-Personenzulassung, die sicher mit Erscheinen dieses Buches fertiggestellt sind und auf die hier deshalb besonders eingegangen werden soll. Die Anforderungen für alle Personenzulassungen wurden von der DBP in einer Richtlinie »ZZF 9 R 100« beschrieben. Diese Anforderungen sind auch für TEMEX bindend. Zu den für diesen Personenkreis festgelegten Zulassungsbedingungen gehören u.a. ausreichende Kenntnisse der technischen und benutzungsrechtlichen Vorschriften des TEMEX-Dienstes, die in einem Prüfungsverfahren bei einer Dienststelle der DBP nachgewiesen werden müssen. Bezüglich dieses Punktes werden derzeit Regelungen erarbeitet, die das Prüfungsverfahren bei TEMEX vereinheitlichen und erleichtern sollen. Zu diesem Zweck wird ein

- TEMEX-Prüfungs- und Anforderungskatalog und ein dazugehöriger Lernbehelf erstellt. In diesem Prüfungs- und Anforderungskatalog sind schlagwortartig die von der DBP für die Personenzulassung erwarteten Kenntnisse in Form von Lernzielen beschrieben. So wird z.B. erwartet, daß der Bewerber
- einen Einblick in die wesentlichen Merkmale der Rechtsstellung der DBP hat;
- Kenntnisse hat, welche Rechte und Pflichten aus einer erworbenen Zulassung erwachsen;
- Kenntnisse über die TEMEX-Netzkonfiguration und seiner Netzkomponenten hat;
- die TEMEX-Schnittstellen und deren physikalische Eigenschaften kennt;

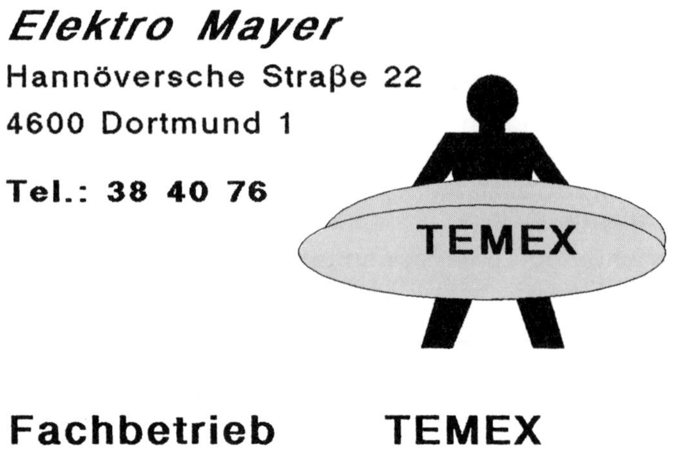

Bild 7.2: TEMEX-Fachbetrieb.

- Kenntnisse über die Zusammenarbeit mit Dienststellen der DBP hat, wenn es um die Auftragserteilung, Inbetriebnahme und Entstörung eines TEMEX-Anschlusses geht.

Um dem Bewerber die umfangreiche Literaturbeschaffung zu ersparen, wurde in den Lernbehelf zum Prüfungs- und Anforderungskatalog die gesamte Materie zusammengefaßt und ausführlich beschrieben. Das Werk wird nach dem Erscheinen bundesweit zur Verfügung stehen und bei Veränderungen entsprechend aktualisiert. Die Aufteilung der Wissensgebiete wurde wie folgt festgelegt:

- Aufgaben und Status der DBP 5%
- Was kann TEMEX 60%
- Benutzungsrechtliche Belange 20%
- Formulare und Verwaltung 15%

Eine Personenzulassung für TEMEX bringt Vorteile im Wettbewerb, für die sich der Aufwand sicherlich lohnt. Als ortsansässiger TEMEX-Fachbetrieb haben Sie entscheidende Vorteile die – aktiv genutzt – TEMEX als ein interessantes, lukratives Geschäft versprechen lassen.

Suchen Sie als TEMEX-Fachbetrieb den »direkten Draht« zu Ihrem Fernmeldeamt. Bei jedem Fernmeldeamt erfahren Sie das TEMEX-Vermarktungs- und Ausbaukonzept der DBP (siehe Kapitel 4).

8 Formulare / Tabellen

8.1 Auftragsformulare

Anlage 8.1

enthält folgende Auftragsformblätter

1. Auftrag im TEMEX – Dienst	932 035 000 – 6	A. Blatt 1 und 2
2. Auftrag im Datenübermittlungsdienst (Direktrufanschlüsse/Direktrufverbindungen)	932 014 000 – 1	A. Blatt 3 und 4
3. Auftrag im Telefondienst	932 001 000 – 0	B. Blatt 1
4. Auftrag im Datenübermittlungsdienst (leitungsvermittelte Wählanschlüsse)	931 007 000 – 3	C. Blatt 1 und 2
5. Auftrag im Datenübermittlungsdienst (paketvermittelte Wählverbindungen)	932 017 000 – 8	D. Blatt 1 und 2
6. Zusatzblatt zum Auftrag im Datenübermittlungsdienst (paketvermittelte Wählverbindungen)	932 037 000 – 7	E. Blatt 1
7. Zusatzblatt zum Auftrag im TEMEX – Dienst	932 036 000 – 1	F. Blatt 1

Auftrag im TEMEX-Dienst

Überlassen von TEMEX-Anschlüssen

Hinweise für den Kunden

Bitte dieses Blatt vor dem Ausfüllen des Auftrages abtrennen und aufbewahren.

Sehr geehrte Kundin, sehr geehrter Kunde,

eine Durchschrift dieses Auftrages erhalten Sie als Annahmebestätigung und Benutzungserlaubnis vollzogen zurück. Füllen Sie bitte dieses Formblatt mit Schreibmaschine aus, damit die Durchschriften gut lesbar sind.

Das letzte Blatt ist für Ihre Unterlagen bestimmt.

Ihr Auftrag kann nur bearbeitet werden, wenn Sie die erbetenen Angaben machen. Rechtsgrundlage für das Erheben dieser Daten sind die §§ 363, 364, 449 bis 455 der Telekommunikationsordnung (TKO). Die „Freiwilligen Angaben" werden zum Teil für den Betrieb und für die Planung des Telekommunikationsnetzes (Vermittlungsstellen und Übertragungswege) benötigt.

Die für den Betrieb der Endeinrichtungen erforderlichen Starkstromanschlüsse lassen Sie bitte auf Ihre Kosten errichten (§ 382 der TKO).

Das Fernmeldeamt wird sich bezüglich des Installationsortes mit Ihnen in Verbindung setzen.

Erläuterungen zum Ausfüllen des Auftrages

Angaben für den Fernwirkanbieter
Beim TEMEX-Anschluß zur Anschaltung von Fernwirkleitstellen werden die privaten Endeinrichtungen für Fernwirkleitstellen an das TEMEX-System (hier TEMEX-Zentrale oder Hauptzentrale) über einen Telefonanschluß mit Anpassungseinrichtung (Modem), einen Direktrufanschluß oder einen Wählanschluß der Gruppe L angeschaltet.

Für das Bereitstellen oder Ändern eines TEMEX-Anbieteranschlusses gilt die Telekommunikationsordnung (TKO).

Sofern Sie den Auftrag für die „Erstmalige Bereitstellung" oder „Änderung" der Endeinrichtungen nach Bestätigung durch die Deutsche Bundespost zurückziehen, kann die DBP für bereits geleistete Aufwendungen bzw. für die Beseitigung schon hergestellter Einrichtungen Gebühren erheben. Sollten Sie später einen neuen Auftrag erteilen, kann dieser nur erneut in der Reihenfolge der Auftragseingänge bearbeitet werden. Ihre bisherigen Terminwünsche können dabei im allgemeinen nicht berücksichtigt werden.

Die Gebührenforderung entsteht sobald die Leistung ausgeführt ist. Dies gilt z. B. für die einmaligen Gebühren wie Bereitstellungsgebühren und Änderungsgebühren.

Die monatlichen Gebühren werden vom Tage der Übergabe der betriebsfähigen Endeinrichtungen an berechnet.

Kann der Anschluß zu dem von Ihnen gewünschten und von der DBP bestätigten Termin nicht bereitgestellt werden, weil z. B. Ihre private Endeinrichtung nicht betriebsbereit oder noch nicht vorhanden ist, wird Ihnen eine Frist von längstens 14 Tagen eingeräumt, innerhalb der die Hinderungsgründe beseitigt sein müssen. Sind die Hinderungsgründe innerhalb dieser Frist nicht beseitigt, wird der Anschluß betriebsfähig bereitgestellt. Mit diesem Tag beginnt die Gebührenpflicht hinsichtlich der monatlichen Gebühren.

Angaben zum TEMEX-Anschluß: Gewünschte Verbindungsart
Nur ausfüllen, wenn ein TEMEX-Anschluß für Fernwirkanbieter eingerichtet oder erweitert werden soll. Geben Sie in diesem Feld Ihren Versorgungsbereich (Ort) an.

Bezeichnung und Typ der privaten Fernwirkleitstelle
Die Fernwirkleitstelle muß von der Deutschen Bundespost (Zentralamt für Zulassungen im Fernmeldewesen) zugelassen sein und eine DBP-Zulassungsnummer haben. Diese und der Name des Zulassungsinhabers sind anzugeben.

Für die Bereitstellung, Instandhaltung und Änderung privater TEMEX-Endeinrichtungen sind die §§ 168–173 der TKO anzuwenden.

Angaben für den TEMEX-Inhaber von Fernwirkaußenstellen
Unter einem TEMEX-Anschluß zur Anschaltung von Fernwirkaußenstellen versteht man die Anschaltung eines privaten Fernwirkendgerätes (Sensor oder Aktor) an das TEMEX-System (hier TEMEX-Netzabschluß).

Soll der Auftrag für mehrere TEMEX-Anschlüsse zur Anschaltung von Fernwirkaußenstellen gelten, so sind diese auf dem Zusatzblatt (Fbl 932 036 000-1) anzugeben.

Bezeichnung und Typ der privaten Fernwirkendgeräte
Die Fernwirkendgeräte, die an das TEMEX-System angeschaltet werden sollen, müssen von der Deutschen Bundespost (Zentralamt für Zulassungen im Fernmeldewesen) zugelassen sein und eine DBP-Zulassungsnummer besitzen. Diese und der Name des Zulassungsinhabers sind anzugeben.

Mit der Installation der Fernwirkendgeräte beauftragt
Die Installation der privaten Fernwirkendeinrichtungen beim Teilnehmer kann nur von einem von der DBP zugelassenen Unternehmer vorgenommen werden. Die Anschaltung der privaten Einrichtungen an das öffentliche Telekommunikationsnetz der DBP wird durch Bedienstete der Deutschen Bundespost vorgenommen.

Die Interessen des Auftraggebers bzw. des Teilnehmers können auch durch einen Sachbearbeiter einer dritten Firma wahrgenommen werden. Hiermit ist jedoch keine Unterschriftsberechtigung verbunden.

Für die Bereitstellung, Instandhaltung und Änderung privater TEMEX-Endeinrichtungen sind die §§ 168–173 der TKO anzuwenden.

TEMEX-Fernwirkanbieter

> **Beachten Sie bitte, daß eine Einverständniserklärung des Fernwirkanbieters (Fernwirkleitstelle) vorliegen muß.**

Die Fernwirkanbieter sind aufgrund der Vorschriften des Datenschutzes in eigener datenschutzrechtlicher Verantwortung verpflichtet, ihre Kunden insbesondere über die Voraussetzungen, den Umfang und den Zeitpunkt der Informationsübermittlung zu unterrichten (§ 458 der TKO).

Bitte beachten Sie, daß bei der Überlassung von TEMEX-Anschlüssen für die Anschaltung von Fernwirkaußenstellen eine Mindestüberlassungszeit von 4 Monaten einzuhalten ist.

Angaben zur Einzugsermächtigung für das Abbuchen der Beträge der Fernmelderechnung
Sollen die Fernmeldegebühren von Ihrem Postgirokonto abgebucht werden, tragen Sie bitte in der Einzugsermächtigung Ihre Postgirokontonummer und das Postgiroamt ein.

Wünschen Sie eine Abbuchung von einem Girokonto bei einer Bank oder Sparkasse, tragen Sie bitte in der Einzugsermächtigung die Girokontonummer, die Bankleitzahl sowie Name und Anschrift des Geldinstituts ein.

Unabhängig von der Kontoart geben Sie bitte immer die Bezeichnung (Name des Kontoinhabers) an, unter der das Konto beim Geldinstitut geführt wird.

Hinweise für die Teilnahme am Lastschrifteinzug für Beträge der Fernmelderechnung.
Die Fernmelderechnung wird Ihnen als dem Teilnehmer (= Zahlungspflichtigen) oder dem von Ihnen bestimmten Empfangsbevollmächtigten zugesandt.

Erstmals wird der Rechnungsbetrag vom Konto eingezogen, wenn auf der Vorderseite der Fernmelderechnung der Hinweis „Wird abgebucht" angegeben ist.

Der Kontoinhaber verpflichtet sich, vom 7. Tag nach dem Absendetag der Fernmelderechnung an ein den Betrag der Fernmelderechnung deckendes Guthaben zu unterhalten. Sollte das Konto die erforderliche Deckung nicht aufweisen, besteht seitens des kontoführenden Geldinstituts keine Verpflichtung zur Einlösung.

Einwendungen gegen den einzuziehenden bzw. eingezogenen Betrag erheben Sie gegebenenfalls gemäß § 373 der Telekommunikationsordnung nur bei Ihrer zuständigen Fernmelderechnungsstelle, jedoch nicht beim kontoführenden Geldinstitut.

Der Zahlungspflichtige bleibt, insbesondere bei unzureichendem Kontoguthaben, für die rechtzeitige Bezahlung der Fernmelderechnung verantwortlich. Bei Zahlungsverzug treten die Folgen (z. B. Zahlungserinnerung, Berechnung einer Verspätungsgebühr) nach den Vorschriften der Telekommunikationsordnung ein. Für eine von Ihrem Geldinstitut zurückgegebene Lastbuchung wird eine Gebühr nach der Telekommunikationsordnung mit der Fernmelderechnung erhoben.

Der Kontoinhaber und die Deutsche Bundespost können jederzeit von diesem Verfahren zurücktreten. Der Rücktritt durch den Kontoinhaber muß der zuständigen Fernmelderechnungsstelle schriftlich mitgeteilt werden; er wird nach dem Zugang der Rücktrittserklärung zum Zeitpunkt des Absendens der darauffolgenden Fernmelderechnung wirksam. Bei Wohnungs- bzw. Geschäftsraumwechsel kann unter Umständen die erteilte Einzugsermächtigung ungültig werden. Auskünfte darüber erteilt Ihnen gern die zuständige Anmeldestelle Ihres Fernmeldeamtes. Änderungen in der Kontoverbindung teilen Sie bitte Ihrer zuständigen Fernmelderechnungsstelle rechtzeitig mit.

Mit freundlichen Grüßen
Ihr Fernmeldeamt

Auftrag im TEMEX-Dienst

Überlassen von TEMEX-Anschlüssen

Eingangsstempel der Post

Angaben der Post

Ortsnetzbereich | (ONKz) Rufnummer

Angaben des Kunden

Auftraggeber (Vorname, Name/Firma, vollständige Anschrift, ggf. Postfach)

Telefon-Nr. (tagsüber) für Rückfragen
Vorwahl/Rufnummer

Standort (falls von obiger Anschrift abweichend):

Geburtsdatum (nicht bei Firmen usw.)

Angaben für den Fernwirkanbieter

TEMEX-Anschluß

☐ Erstmalige Bereitstellung (a ☐ Änderung (b

Ein Anschluß für Fernwirkanbieter ist bereits vorhanden

☐ ja ☐ nein

Terminwunsch/Datum

Angaben zum TEMEX-Anschluß: Gewünschte Verbindungsart nur zu (a oder (b

☐ TSS 17 ☐ TSS __ __ ☐ TSS __ __ ☐ Direktrufanschluß

Gewünschter TEMEX-Versorgungsbereich

☐ Wählanschluß Gr. L 2400 bit/s

☐ Anschluß ist vorhanden: ja (WAsGrL oder AnpEinr)

☐ Anpassungseinrichtung

Rufnummer: WAsGrL/TelAS

__ __ __ __ __ – __ __ __ __ __ __ __ __

Auftrag für die Erstmalige Bereitstellung/Änderung ist:

☐ beigefügt ☐ entfällt ☐ wird nachgereicht

Bezeichnung und Typ der privaten Fernwirkleitstelle | Name des Zulassungsinhabers | DBP-Zulassungsnummer

Angaben für den Inhaber von Fernwirkaußenstellen

Der TEMEX-Anschluß soll eingerichtet werden: (Name, Straße, Hausnummer, Postleitzahl, Ort)
Für weitere TEMEX-Anschlüsse bitte das Zusatzblatt verwenden.

Fernwirkinformation

TSS | Art | Anzahl

Zugehöriger TEMEX-Anschluß für Fernwirkanbieter (Name oder TEMEX-Kennung)

Telefonnummer des Inhabers von Fernwirkaußenstellen (wenn vorhanden)

Bezeichnung und Typ der privaten Fernwirkendgeräte | Name des Zulassungsinhabers | DBP-Zulassungsnummer

Mit der Installation der Fernwirkendgeräte beauftragt
Name, Anschrift, Telefonnummer

Ansprechpartner für Rückfragen:
Name, ONKz, Rufnummer

TEMEX-Fernwirkanbieter
Mit der Anschaltung der Fernwirkaußenstelle an unsere Fernwirkleitstelle bin ich / sind wir einverstanden

Ort

Datum

Unterschrift (bei juristischen Personen rechtsgültige Unterschrift)

Freiwillige Angaben

Besondere Wünsche

Bitte hier Branche oder Beruf angeben (z. B. Maschinenbau, Großhandel usw.)

☐ ich bin berufstätig als ☐ ich war berufstätig als

☐ Selbständiger ☐ Angestellter/Beamter ☐ Arbeiter

Der Anschluß wird überwiegend genutzt:

☐ geschäftlich ☐ privat

Werbung

Ich bin/Wir sind widerruflich damit einverstanden, daß meine/unsere Anschrift und ggf. die Berufsgruppe der Deutschen Postreklame GmbH übermittelt wird.

Wenn Sie damit nicht einverstanden sind dann streichen Sie bitte diese Erklärung.

Einzugsermächtigung für das Abbuchen der Beträge der Fernmelderechnung

Postgirokontonummer

__ __ __ __ __ __ – __ __ __

Postgiroamt

Ich ermächtige die Deutsche Bundespost widerruflich, die Beträge der Fernmelderechnung von dem nebenstehenden Konto im Lastschrift-Verfahren abzubuchen.
Die Bedingungen für die Teilnahme am Lastschrift-Einzug werden anerkannt.

Bank- oder Sparkassengirokonto-Nr. | Bankleitzahl

Name und Anschrift der Bank / Sparkasse

Unterschrift

Kontoinhaber

Bitte schicken Sie den Auftrag an Ihr Fernmeldeamt oder geben Sie ihn beim Postamt oder im Telefonladen ab

„Der Auftrag im TEMEX-Dienst" stellt einen Antrag gemäß §§ 363 und 364 der Telekommunikationsordnung (TKO) dar. Mit seiner Bestätigung durch die Deutsche Bundespost wird ein öffentlich-rechtliches Teilnehmerverhältnis begründet oder geändert, für das die Vorschriften der TKO gelten.

Ort

Datum

Unterschrift (bei juristischen Personen rechtsgültige Unterschrift)

Auftrag im Datenübermittlungsdienst

Überlassen von Direktrufanschlüssen und Bereitstellen von Direktrufverbindungen

Bitte dieses Blatt vor dem Ausfüllen des Auftrages abtrennen und aufbewahren.

Sehr geehrte Kundin, sehr geehrter Kunde,

zwei Durchschriften dieses Auftrages erhalten Sie als Auftragsbestätigung und Benutzungserlaubnis vollzogen zurück. Füllen Sie deshalb bitte dieses Formblatt mit Schreibmaschine aus, damit die Durchschriften gut lesbar sind.

Zur Bearbeitung Ihres Auftrages muß dieser bis zum Feld „Kündigung" ausgefüllt sein. Die „Freiwilligen Angaben" werden zum Teil für den Betrieb und die Planung des Telekommunikationsnetzes sowie zur betrieblichen Eingruppierung Ihres Anschlusses benötigt.

Rechtsgrundlage für das Erheben dieser Daten sind die §§ 363, 364 und 449–455 der Telekommunikationsordnung (TKO).

Ihre Anschrift wird außerdem für Werbezwecke an die Deutsche Postreklame übermittelt, die sie, gegebenenfalls nach Berufen ausgewählt, an Dritte weitergibt. Falls Sie letzteres nicht wünschen, streichen Sie bitte diese Erklärung im Feld „Werbung".

Wenn Sie umziehen oder Ihr Geschäft verlegen wollen und am neuen Ort wieder einen Direktrufanschluß haben möchten, tragen Sie bitte für die erstmalige Bereitstellung an der neuen Stelle entweder im Feld „Übernahme" oder im Feld „Erstmalige Bereitstellung" die notwendigen Angaben ein und füllen Sie auch das Feld „Kündigung" aus.

Die für den Betrieb der Endeinrichtungen erforderlichen Starkstromanschlüsse, den erforderlichen Potentialausgleich und die zugehörige Erdung lassen Sie bitte auf Ihre Kosten errichten (§ 382 der TKO). Die Einzelheiten können Sie mit unseren Fachkräften absprechen.

Die Informationsschriften Nr. 66 D, 80 und 101 der Druckschriftenreihe „Dateldienste der Deutschen Bundespost" erläutern Ihnen die wichtigsten Einzelheiten, die Sie für einen Direktrufanschluß wissen müssen. Bitte fordern Sie ggf. diese Merkblätter bei Ihrer Anmeldestelle für Fernmeldeeinrichtungen an.

Bitte lesen Sie vor dem Ausfüllen die nachstehenden Erläuterungen zu den entsprechenden Feldern des Auftrages.

Das letzte Auftragsdoppel ist für Ihre Unterlagen bestimmt.

Erläuterungen zum Auftrag

Gegenstation

Zwei Direktanschlüsse werden fest miteinander verbunden. Bitte geben Sie hier an, mit welcher Gegenstelle der von Ihnen beauftragte Direktrufanschluß zusammengeschaltet werden soll. Veranlassen Sie bitte auch den erforderlichen Auftrag auf der Gegenseite.

Direktrufanschlüsse können auch über posteigene digitale Knoteneinrichtungen verbunden werden. In diesem Fall geben Sie bitte als Gegenstelle „Posteigene Knoteneinrichtung in ..." an.

Anlastung der Verbindungsgebühren

Die Verbindungsgebühren werden im allgemeinen von beiden Teilnehmern je zur Hälfte erhoben. Auf Antrag können die gesamten Verbindungsgebühren auch von einem der beiden Teilnehmer erhoben werden; beide Teilnehmer haften für die Verbindungsgebühren gemeinsam. Sollen alle Gebühren für den Direktrufanschluß von dem anderen Teilnehmer bezahlt werden, wäre dieser als Rechnungsempfänger zu benennen (Eintrag im Feld „Anschrift eines Empfangsbevollmächtigten ...").

Übertragungsgeschwindigkeit und Schnittstelle

Ein Direktrufanschluß wird nur für die angegebene Übertragungsgeschwindigkeit überlassen: 50 bit/s, 300 bit/s, 1200 bit/s, 2400 bit/s, 4800 bit/s, 9600 bit/s, 64 kbit/s und 1,92 Mbit/s.

Die Angaben über die Schnittstelle erhalten Sie vom Lieferer Ihrer Datenendeinrichtung.

Erstmalige Bereitstellung oder Änderung

Sofern Sie den Auftrag für die „Erstmalige Bereitstellung oder Änderung" zurückziehen sollten, werden die für Sie durchgeführten Reservierungen aufgehoben und unter Umständen besondere Gebühren erhoben. Sollten Sie später einen neuen Auftrag erteilen, kann dieser nur erneut in der Reihenfolge der Auftragseingänge bearbeitet werden. Ihre bisherigen Terminwünsche können dabei im allgemeinen nicht berücksichtigt werden.

Kann die Abnahme Ihrer privaten Endeinrichtungen zu dem von Ihnen gewünschten und von der Deutschen Bundespost bestätigten Termin nicht stattfinden, weil z. B. Ihre privaten Einrichtungen nicht vorhanden oder nicht vollständig sind, so sind diese Hinderungsgründe unverzüglich, spätestens jedoch innerhalb einer im Einzelfall festzulegenden Frist von längstens 14 Tagen zu beseitigen. Sind die Hinderungsgründe innerhalb dieser Frist nicht beseitigt, wird die Direktrufverbindung betriebsfähig bereitgestellt. Mit diesem Tag beginnt die Gebührenpflicht (Grundgebühren und Verkehrsgebühren).

PAV 1. 88/8 7 6 5 4 3 2 1
A4(7)–36 rcf

932 014 000-1

Änderungsmöglichkeiten:

- Änderung der Übertragungsgeschwindigkeit
- Umstellung von Zweidraht- in Vierdraht-Betrieb oder umgekehrt (gilt nur bei Verwendung privater DÜE)
- Auswechslung der privaten Datenübertragungseinrichtung in eine posteigene DÜE
- Auswechslung, Änderung oder Erweiterung der privaten Datenendeinrichtung ohne Änderung der posteigenen Datenübertragungseinrichtung (Einen neuen Netzplan bitten wir ggf. beizufügen).

Veranlassen Sie in diesen Fällen auch den entsprechenden Auftrag für den Direktrufanschluß der Gegenseite.

Besondere Betriebsmöglichkeiten

Bezeichnung und Typ der Datenübertragungseinrichtung

Bei Direktrufanschlüssen kommen grundsätzlich posteigene Datenübertragungseinrichtungen (DÜE = Datenanschlußgeräte) zum Einsatz.

Private Datenübertragungseinrichtungen können nur noch im Rahmen von Übergangsbestimmungen verwendet werden; tragen Sie bitte die erforderlichen Angaben im Feld „Besondere Wünsche" ein.

Die Deutsche Bundespost legt fest, welches posteigene Datenanschlußgerät an Ihrem Anschluß eingesetzt wird.

Sie können jedoch hier Ihre Wünsche angeben, die im Rahmen der Möglichkeiten berücksichtigt werden.

Die Deutsche Bundespost überläßt auf Wunsch gegen besondere Gebühren posteigene Datenübertragungseinrichtungen als Ersatzgeräte.

Für Datenendeinrichtungen mit Start-Stop-Zeichenübertragung (asynchrone Betriebsweisen) überläßt die Deutsche Bundespost neben dem Datenanschlußgerät für 1200 bit/s einen Asynchron-Synchron-Umsetzer (Ankreuzfelder bitte ausfüllen!).

Betriebsweise des Direktrufanschlusses

Simplex (sx) = Übertragung von Daten in nur einer Richtung (entweder nur Sendebetrieb (sxS) oder nur Empfangsbetrieb (sxE)).

Halbduplex (hdx) = Übertragung von Daten in beiden Richtungen (wechselzeitiger Betrieb zum Senden oder Empfangen).

Duplex (dx) = Übertragung von Daten in beiden Richtungen (gleichzeitiger Betrieb zum Senden und Empfangen).

Außerdem ist in diesem Feld die tatsächliche Übertragungsgeschwindigkeit (Arbeitsgeschwindigkeit) der Datenendeinrichtung anzugeben.

Bezeichnung und Typ der privaten Endeinrichtung

Die Angabe der DBP-Zulassungsnummer der Datenendeinrichtung ist bei posteigenen DÜE unbedingt erforderlich; bei ausnahmsweise privaten DÜE wird eine Zulassung der Datenendeinrichtung dringend empfohlen, um später bei der Umstellung auf posteigene DÜE Kosten für Änderungen zu vermeiden. Fernschreibmaschinen sind Datenendgeräte im Sinne der TKO.

Entstörung

Die Deutsche Bundespost bietet Ihnen gegen Zahlung von monatlichen Gebühren die Entstörung der posteigenen Einrichtungen zu bestimmten Zeiten außerhalb der täglichen Arbeitszeit an.

Telefon-, Telex- und Wählanschlüsse der Gruppe L, P und S

Hier geben Sie bitte auch Ihre Rufnummer der vorgenannten Anschlüsse an. Die Angabe jeweils einer Rufnummer ist ausreichend.

Besondere Wünsche

- Bei Anschaltung eines Direktrufanschlusses an eine posteigene Knoteneinrichtung:
  Hinweis auf das erforderliche Einverständnis des Inhabers des Anwender-Datennetzes. Fügen Sie bitte das schriftliche Einverständnis bei bzw. geben Sie an, wo das Einverständnis vorliegt.
- Bei ausnahmsweise möglichem Einsatz an privaten Datenübertragungsgeräten: die Überlassung eines 4drähtigen Anschlusses (gegen monatliche Gebühr) oder eine höhere Übertragungsgeschwindigkeit nach CCITT-Empfehlung M 1020 (gegen monatlichen Zuschlag zur Grundgebühr).

Zusammenschaltung

Nach den Bestimmungen der Deutschen Bundespost kann eine Endeinrichtung an Direktrufanschlüsse und daneben an Telefon-, Telex- und Wählanschlüsse mit digitalen Anschaltepunkten (Gr. L, P und S) angeschaltet sowie mit einfachen Endstellen an Festanschlüssen verbunden werden, wenn es sich bei den Anschlüssen um solche desselben Teilnehmers handelt.

Sollten mehr als ein Anschluß dieser Art mit der Datenendeinrichtung (DEE) verbunden werden, so geben Sie bitte die Art und die Anzahl der Anschlüsse sowie die Ruf-/Rechnungsnummern auf einem zusätzlichen Blatt in dreifacher Ausfertigung an. Die Anschaltung posteigener Festverbindungen bitten wir mit dem entsprechenden Formblatt zu beauftragen.

Übernahme

Eine Übernahme setzt voraus, daß die posteigenen Einrichtungen in ihrem Umfang und ihrer Leistung unverändert übernommen werden und daß der Übernehmende entweder der Nachfolger in den Wohn- oder Geschäftsräumen ist, in denen sich die überlassenen Telekommunikationseinrichtungen befinden, oder in diesen Räumen bereits ansässig war oder verbleibt.

Kündigung

Soll der Unterbringungsort des bestehenden Anschlusses im Wege einer Um- oder Neuschaltung von Übertragungswegen im allgemeinen Netz der Deutschen Bundespost geändert werden (Ortsveränderung) oder wird eine Änderung der Übertragungsgeschwindigkeit gewünscht, muß das Feld „Kündigung" angekreuzt und ausgefüllt werden, gleichzeitig ist im Fall der Ortsveränderung für den neuen Ort oder die neue Straße die „Übernahme" oder die „Erstmalige Bereitstellung" zu beauftragen.

Da die Kündigung des Direktrufanschlusses zugleich die Kündigung des mit ihm fest verbundenen Direktrufanschlusses (Gegenseite) umfaßt, bitten wir Sie zu veranlassen, daß Ihr Partner den entsprechenden Auftrag erteilt.

Anlage 8.1 A. Blatt 3 (Rückseite)

Bitte mit Schreibmaschine oder Kugelschreiber ausfüllen

Auftrag im Datenübermittlungsdienst

Überlassen von Direktrufanschlüssen und Bereitstellen von Direktrufverbindungen

☐ Erstmalige Bereitstellung ☐ Änderung ☐ Übernahme ☐ Kündigung

☐ Besondere Betriebsmöglichkeiten ☐ Direktrufverbindung Gruppe A ☐ Direktrufverbindung Gruppe B

Diese Angaben trägt die Post ein

Eingangsstempel

8.1 B. Blatt 4

FKTO

Ortsnetzbereich

Auftraggeber (Vorname, Name/Firma, vollständige Anschrift, ggf. Postfach) | Geburtsdatum*

Standort, falls abweichend von obiger Anschrift

LSZ | Ordnungszahl

Anschrift eines Empfangsbevollmächtigten (falls nicht identisch mit Auftraggeber) für die Fernmelderechnung und alle sonstigen Mitteilungen im Fernmelderechnungsdienst (z. B. Zahlungserinnerung)

Ansprechpartner für Rückfragen

Vorwahl und Rufnummer

Gegenstation (Name/Firma, vollständige Anschrift, ggf. posteigene Knoteneinrichtung, z. B. SK 12, EKT 12)

Ansprechpartner für Rückfragen | Vorwahl und Rufnummer

☐ Die Gebühren sollen abgebucht werden. Ich/Wir bitte(n) mir/uns ein entsprechendes Formblatt zuzusenden.

☐ Die Gebühren sollen von demselben Konto wie bei dem unten angegebenen, bereits vorhandenen Anschluß abgebucht werden

Anlastung der Verbindungsgebühren

☐ Aufgeteilt (50 : 50 %) ☐ voll zu diesem Direktrufanschluß ☐ voll zum anderen Direktrufanschluß

Direktanschluß mit einer Übertragungsgeschwindigkeit von (bit/s) | Schnittstelle gem. CCITT-Empfehlung

Telegrafen-Schnittstelle

☐ 2-Draht-Einfachstrom ☐ Sonstige

Erstmalige Bereitstellung oder Änderung

Nur bei Änderung: Weitere Angaben über Art und Umfang erwünscht

Terminwunsch/Datum

Besondere Betriebsmöglichkeiten/Bezeichnung und Typ der Datenübertragungseinrichtung

Ersatzgerät gewünscht ☐ ja ☐ nein

Asynchron-Synchron-Umsetzer gewünscht (gilt nur für 1200 bit/s) ☐ ja ☐ nein

Nachrichtlich: Betriebsweise des Direktrufanschlusses

☐ sxS ☐ sxE ☐ hdx ☐ dx ☐ mit Hilfskanal ☐ synchron ☐ asynchron

Tatsächliche Übertragungsgeschwindigkeit ___ bit/s

Bezeichnung und Typ der privaten Endeinrichtung

DBP-Zulassungsnummer der priv. DEE

Die Endeinrichtung ist ein(e)

☐ Datenverarbeitungsanlage ☐ Datenkonzentrator ☐ Datenendgerät ☐ Telexendgerät

Entstörung außerhalb der tägl. Arbeitszeit gewünscht (nicht bei priv. Einrichtungen) ☐ ja ☐ nein

Instandhaltung der privaten Endeinrichtung durch (Name, Anschrift)

Zulassungsnummer der Instandhaltungsfirma

Ich/Wir haben folgende Telefon-, Telex- und Wählanschlüsse der Gruppe L, P und S

Die Endeinrichtung soll mit anderen Telekommunikationsanlagen zusammengeschaltet werden: Ja (Beschreibung der Anlage und Ruf- bzw. Rechnungs-Nr.)

Der Anschluß gehört zu einem Anwender-Datennetz. Wenn ja: Netzplan-Nr. der DBP

Besondere Wünsche

Der „Auftrag im Datenübermittlungsdienst" stellt einen Antrag gemäß §§ 363 und 364 der Telekommunikationsordnung (TKO) dar. Mit seiner Bestätigung durch die Deutsche Bundespost wird ein öffentlich-rechtliches Teilnehmerverhältnis begründet oder geändert, für das die Vorschriften der TKO gelten.

Übernahme

Name und Anschrift des bisherigen Teilnehmers

Fernmeldekontonummer | Termin

Kündigung

Neue Anschrift

Fernmeldekontonummer | Termin

Ort

Datum

Freiwillige Angaben

Bitte hier Branche oder Beruf angeben (z. B. Maschinenbau, Großhandel usw.)

☐ Der Anschluß wird überwiegend geschäftlich genutzt

Unterschrift (bei juristischen Personen rechtsgültige Zeichnung)

Werbung

Ich bin/Wir sind widerruflich damit einverstanden, daß meine/unsere Anschrift und ggf. die Berufsgruppe der Deutschen Postreklame GmbH übermittelt wird.

Wenn Sie damit nicht einverstanden sind, dann streichen Sie bitte diese Erklärung.

* nicht bei Firmen usw.

Anlage 8.1 A. Blatt 4

932 014 000-1

Bitte mit Schreibmaschine oder Kugelschreiber ausfüllen.

Lesen Sie bitte die Hinweise zum Datenschutz auf dem Umschlag.

Auftrag im Telefondienst

Hier trägt die Post ONKz u. Rufnummer(n) ein

☐ Erstmalige Bereitstellung ☐ Übernahme ☐ Kündigung

Eingangsstempel der Post

Auftraggeber (Vorname, Name/Firma, vollständige Anschrift, ggf. Postfach)

Standort (falls abweichend)

Geburtsdatum

Anschrift eines Empfangsbevollmächtigten (falls nicht identisch mit Auftraggeber) für die Fernmelderechnung und alle sonstigen Mitteilungen im Fernmelderechnungsdienst (z. B. Zahlungserinnerung)

Telefon-Nr. (tagsüber) für Rückfragen

Vorwahl | Rufnummer

Erstmalige Bereitstellung

Zahl der gewünschten Telefonanschlüsse

Schaltung auf Telefonanlage, und zwar ☐ post- oder teilnehmereigen ☐ privat ☐ Schaltung als Doppelanschluß

Terminwunsch für den Anschluß ☐ möglichst bald

späteres Datum

Übernahme

Vorwahl und Rufnummer(n)

☐ Doppelanschluß

Terminwunsch ☐ möglichst bald

späteres Datum

Falls die Übernahme nicht mehr möglich ist, wünsche ich die „Erstmalige Bereitstellung" ☐ ja ☐ nein

Ich habe bereits folgende Telefonanschlüsse (ONKz u. Rufnummer)

Bestellung der Telefone und Zusatzgeräte

Ich bestelle folgende Endeinrichtungen aus dem Telefonprogramm der Post

Anzahl	Bestell-Nr.	Farbe	Anzahl	Bestell-Nr.	Farbe
1.			4.		
2.			5.		
3.			6.		

Besondere Wünsche

Falls Sie hier nichts eintragen, wird der Eintrag von der Post festgelegt

Haupteintrag im Telefonbuch und für die Telefonauskunft

Nebeneintrag (gebührenpflichtig)

Kündigung

Vollständige Anschrift

Vorwahl und Rufnummer(n)

Termin

Freiwillige Angaben

Der Anschluß wird überwiegend ☐ geschäftlich genutzt ☐ privat genutzt

☐ Ich bin ☐ ich war berufstätig als

☐ Selbständiger ☐ Arbeiter ☐ Angestellter/Beamter

mein (zuletzt ausgeübter) Beruf bzw. meine Branche

Werbung

Ich bin widerruflich damit einverstanden, daß meine Anschrift und ggf. die Berufsgruppe der Deutschen Postreklame GmbH für Werbezwecke übermittelt wird.

← Wenn Sie damit nicht einverstanden sind, streichen Sie bitte diese Erklärung

Einzugsermächtigung für das Abbuchen der Gebühren

Postgirokonto

Postgiroamt

Bank- oder Sparkassen-Girokonto-Nr.

Bankleitzahl

Name und Anschrift der Bank/Sparkasse

Kontoinhaber

Ich ermächtige die Deutsche Bundespost widerruflich, die Beträge der Fernmelderechnung von dem nebenstehenden Konto im Lastschriftverfahren abzubuchen.

Die Hinweise für die Teilnahme am Lastschrifteinzug werden anerkannt.

Unterschrift des Kontoinhabers

Diese Unterschrift entfällt, wenn sie mit der des Auftraggebers übereinstimmt.

Bitte vergessen Sie nicht Ihre Unterschrift

Ort

Datum

Unterschrift (bei juristischen Personen rechtsgültige Zeichnung)

Der „Auftrag im Telefondienst" stellt einen Antrag gem. der §§ 363 und 364 der Telekommunikationsordnung (TKO) dar. Mit seiner Bestätigung durch die Deutsche Bundespost wird ein öffentlich-rechtliches Teilnehmerverhältnis begründet oder geändert, für das die Vorschriften der TKO gelten.

Bitte schicken Sie den Auftrag an Ihr Fernmeldeamt oder geben Sie ihn beim Postamt oder im Telefonladen ab.

1.88/8 7 6 5 4 3 2
A4(4)—66rcmf

Anlage 8.1 B. Blatt 1

932 001 000-0

Auftrag im Datenübermittlungsdienst

Überlassen von Wählanschlüssen mit digitalen Anschaltepunkten für leitungsvermittelte Wählverbindungen

Wähl-
anschluß
der
Gruppe
L

Bitte dieses Blatt vor dem Ausfüllen des Auftrags abtrennen und aufbewahren!

Hinweise für den Kunden

Sehr geehrte Kundin,
sehr geehrter Kunde!

Die Durchschrift dieses Auftrags erhalten Sie als Annahmebestätigung und Benutzungserlaubnis vollzogen zurück. Füllen Sie deshalb bitte dieses Formblatt mit Schreibmaschine aus, damit die Durchschrift gut lesbar ist.

Zur Bearbeitung Ihres Auftrags muß dieser bis zum Feld „Kündigung" ausgefüllt sein. Die „Freiwilligen Angaben" sind zum Teil für den Betrieb und die Planung des Telekommunikationsnetzes (Vermittlungseinrichtungen und Übertragungswege) wichtig. Rechtsgrundlage für das Erheben der Daten sind die §§ 449–455, 363 und 364 der Telekommunikationsordnung (TKO).

Wenn Sie umziehen oder Ihr Geschäft verlegen und am neuen Ort wieder einen Wählanschluß der Gruppe L haben möchten, tragen Sie bitte für die „Erstmalige Bereitstellung" an der neuen Stelle entweder im Feld „Übernahme" oder im Feld „Erstmalige Bereitstellung" die notwendigen Angaben ein, und füllen Sie auch das Feld „Kündigung" aus.

Die Angaben über Branche bzw. Beruf werden auch für die Bearbeitung der Einträge in das amtliche Teilnehmerverzeichnis für den Datenübermittlungsdienst benötigt.

Geben Sie bitte auch Ihre Telexanschlüsse (Telexrufnummern) und Wählanschlüsse der Gruppe L und P (Rufnummern) an. Für Rückfragen geben Sie bitte Rufnummer und ggf. Name des technischen Sachbearbeiters an.

Erläuterungen zum Auftrag

Bitte lesen Sie vor dem Ausfüllen die nachstehenden Erläuterungen zu den entsprechenden Feldern des Auftrags. Das letzte Auftragsdoppel ist für Ihre Unterlagen bestimmt.

Übertragungsgeschwindigkeit
Wählanschlüsse der Gruppe L für verschiedene Übertragungsgeschwindigkeiten und/oder Schnittstellen können **nicht** gemeinsam mit einem Auftragsformular bestellt werden.
Übertragungsgeschwindigkeiten: 300 bit/s, 1200 bit/s, 2400 bit/s, 4800 bit/s, 9600 bit/s, 48 000 bit/s und 64 000 bit/s.
Schnittstellen: X20, X20bis, X21bis, X22.
Die Angaben über die Schnittstellen erhalten Sie vom Lieferer Ihrer Endeinrichtung.

Erstmalige Bereitstellung
Die Angabe der DBP-Zulassungsnummer der Endeinrichtung ist unbedingt erforderlich. An den Wählanschluß der Gruppe L dürfen nur Endeinrichtungen angeschaltet werden, die den Schnittstellenbedingungen der Deutschen Bundespost entsprechen und vom Zentralamt für Zulassungen im Fernmeldewesen geprüft und zugelassen sind. Die Anschaltemöglichkeiten für an das Starkstromnetz anzuschaltende Einrichtungen der Deutschen Bundespost müssen am Einrichtungsort zur Verfügung stehen.

Die Deutsche Bundespost ist stets vorher zu unterrichten, wenn ein anderes als im Auftrag bezeichnetes Endgerät angeschaltet werden soll. Die Erstanschaltung darf nur von den Bediensteten der Deutschen Bundespost vorgenommen werden.

Die Anschrift wird außerdem für Werbezwecke an die Deutsche Postreklame GmbH übermittelt, die sie gegebenenfalls, nach Berufen ausgewählt, an Dritte weitergibt. Falls Sie letzteres nicht wünschen, streichen Sie bitte diese Erklärung im Feld „Werbung".

Die für den Betrieb der Endeinrichtungen erforderlichen Starkstromanschlüsse lassen Sie bitte auf Ihre Kosten errichten (§ 382 der TKO).

Sofern Sie Ihren bestätigten Auftrag auf „Erstmalige Bereitstellung" oder „Änderung" zurückziehen sollten, werden die für Sie durchgeführten Reservierungen aufgehoben und unter Umständen besondere Gebühren erhoben. Sollten Sie später einen neuen Auftrag erteilen, kann dieser nur erneut in der Reihenfolge der Auftragseingänge bearbeitet werden. Ihre bisherigen Terminwünsche können dann im allgemeinen **nicht** berücksichtigt werden.

Sofern Ihre privaten Endeinrichtungen zum gewünschten Inbetriebnahmetermin nicht bereitstehen sollten, die Arbeiten der Deutschen Bundespost aber abgeschlossen sind, wird/werden Ihr(e) Anschluß/Anschlüsse Ihnen von der Deutschen Bundespost betriebsfähig zur Verfügung gestellt. Spätestens nach einer Frist von längstens 14 Tagen nach der betriebsfähigen Bereitstellung werden die monatlichen Grundgebühren und ggf. monatliche Zuschläge erhoben, auch wenn der/die betroffene(n) Anschluß/Anschlüsse noch nicht genutzt wird/werden.

Zusammenschaltung
Bitte alle Anschlüsse, mit denen die Endeinrichtung zusammengeschaltet werden soll, angeben, ggf. auf einem zusätzlichen Blatt in dreifacher Ausfertigung.

Übernahme
Eine Übernahme setzt voraus, daß die Endeinrichtungen in ihrem Umfang und ihrer Leistung unverändert übernommen und weiterbetrieben werden.

Besondere Betriebsmöglichkeiten
Wollen Sie, daß Ihr(e) Anschluß/Anschlüsse mit anderen Anschlüssen eine Teilnehmerbetriebsklasse bilden soll, so muß von allen an der Betriebsklasse beteiligten Teilnehmern eine Fernmeldevollmacht erteilt werden, die einen Teilnehmer berechtigt, die entsprechenden Aufträge zu erteilen.

Jeder Wählanschluß der Gruppe L kann darüber hinaus den Zugang zum öffentlichen Telekommunikationsnetz (Generalklasse) erhalten.

Die Deutsche Bundespost bietet Ihnen gegen Zahlung von monatlichen Gebühren die Entstörung der posteigenen Einrichtungen außerhalb der täglichen Dienstzeit (montags bis freitags von 08.00 bis 18.00 Uhr).

Kündigung
Soll der Unterbringungsort des bestehenden Anschlusses im Wege einer Um- oder Neuschaltung von Übertragungswegen im allgemeinen Netz der Deutschen Bundespost geändert werden (Ortsveränderung) oder wird eine Änderung der Übertragungsgeschwindigkeit gewünscht, muß das Feld „Kündigung" angekreuzt und ausgefüllt werden, gleichzeitig ist im Fall der Ortsveränderung für den neuen Ort oder die neue Straße die „Übernahme" oder die „Erstmalige Bereitstellung" in Auftrag zu geben.

Mit freundlichen Grüßen
Ihr Fernmeldeamt

Hebra 1.88/8 7 6 5 4 3 2 1
A4(6)–35

932 007 000-3

Wählanschluß der Gruppe L

Auftrag im Datenübermittlungsdienst

Überlassen von Wählanschlüssen mit digitalen Anschaltepunkten für leitungsvermittelte Wählverbindungen

Eingangsstempel der Post

Angaben der Post

Bg/Re:

AbsGr:

Ortsnetzbereich

FKTO (Rufnummer)

Angaben des Kunden

☐ Erstmalige Bereitstellung ☐ Änderung ☐ Übernahme ☐ Besondere Betriebsmöglichkeiten ☐ Kündigung

Bitte mit Schreibmaschine oder Kugelschreiber ausfüllen

Auftraggeber (Vorname, Name/Firma, vollständige Anschrift, ggf. Postfach)

Telefon-Nr. (tagsüber) für Rückfragen

Vorwahl | Rufnummer

Geburtsdatum (nicht bei Firmen usw.)

Standort falls abweichend von obiger Anschrift

☐ Die Gebühren sollen abgebucht werden. Ich/Wir bitte(n), mir/uns ein entsprechendes Formblatt zuzusenden.

Anschrift eines Empfangsbevollmächtigten (falls nicht identisch mit Auftraggeber) für die Fernmelderechnung und alle sonstigen Mitteilungen im Fernmelderechnungsdienst (z. B. Zahlungserinnerung)

☐ Die Gebühren sollen von demselben Konto wie bei dem unten angegebenen, bereits vorhandenen Anschluß abgebucht werden.

Ich/Wir habe(n) folgende Rufnummern im Datenübermittlungsdienst:

Der Anschluß gehört zu einem Anwender-Datennetz. Wenn ja: Netzplan-Nr. der DBP

Übertragungsgeschwindigkeit

Wählanschluß der Gruppe L mit einer Übertragungsgeschwindigkeit von:

_ _ _ _ _ bit/s

Schnittstelle gem. CCITT-Empfehlung

X _ _ _ _ _

Erstmalige Bereitstellung oder Änderung

Anzahl der Wählanschlüsse Gr. L:

_ _ _

Sammelrufnummern

☐ Betriebl. Daten unter „Besondere Wünsche" eintragen

Terminwunsch

Bezeichnung und Typ der Endeinrichtung

DBP-Zulassungsnummer

Instandhaltung der Endeinrichtung durch: (Name, Anschrift)

Priv. Endgerät wird bereitgestellt zum (Datum):

Zusammenschaltung

Die Endeinrichtung soll mit anderen Fernmeldeanlagen zusammengeschaltet werden: Ja (Beschreibung der Anlage und Ruf- bzw. Rechnungs-Nr.)

☐ nein

Besondere Wünsche

Nutzung als Back-Up Anschluß

☐ ja

Übernahme

Rufnummer

Fernmeldekontonummer

Terminwunsch

Die Endeinrichtung wird ☐ übernommen ☐ nicht übernommen

Anzuschaltende Endeinrichtungen unter „Erstmalige Bereitstellung" eintragen

Falls Sie hier nichts eintragen, wird der Eintrag von der Post festgelegt

Haupteintrag im amtlichen Teilnehmerverzeichnis für den Datenübermittlungsdienst

Nebeneintrag (gebührenpflichtig)

Besondere Betriebsmöglichkeiten

☐ Teilnehmerbetriebsklasse (bitte Liste der Anschlüsse mit Namen und Ruf-Nr. beifügen)

☐ Anschlußkennung

☐ Kurzwahl

☐ Zugang zur Generalklasse zugelassen

☐ Direktruf zu Wählanschluß Gr. L

☐ Gebührenübernahme

Entstörung außerhalb der täglichen Arbeitszeit:

☐ Montag bis Freitag von 18.00 bis 08.00 Uhr sowie an Wochenenden und gesetzlichen Feiertagen durchgehend.

Kündigung

Vollständige Anschrift

Termin

Ortsnetzbereich und Rufnummer

Freiwillige Angaben

Bitte hier Branche oder Beruf angeben (z. B. Maschinenbau, Großhandel usw.)

Der Anschluß wird überwiegend

☐ geschäftlich genutzt ☐ privat genutzt

Werbung

Ich bin/Wir sind widerruflich damit einverstanden, daß meine/unsere Anschrift und ggf. die Berufsgruppe der Deutschen Postreklame GmbH übermittelt wird.

Wenn Sie damit nicht einverstanden sind, dann streichen Sie bitte diese Erklärung.

Bitte vergessen Sie nicht Ihre Unterschrift

Ort, Datum

Unterschrift (bei juristischen Personen: rechtsgültige Zeichnung)

Der „Auftrag im Datenübermittlungsdienst" stellt einen Antrag gemäß §§ 363 und 364 der Telekommunikationsordnung (TKO) dar. Mit seiner Bestätigung durch die Deutsche Bundespost wird ein öffentlich-rechtliches Teilnehmerverhältnis begründet oder geändert, für das die Vorschriften der TKO gelten.

932 007 000-3

Anlage 8.1 C, Blatt 2

Wählan-
schluß
der
Gruppe

P

Hinweise für den Kunden

Auftrag im Datenübermittlungsdienst

Überlassen von Wählanschlüssen mit digitalen Anschaltepunkten für paketvermittelte Wählverbindungen

Bitte dieses Blatt vor dem Ausfüllen des Auftrags abtrennen und aufbewahren!

Sehr geehrte Kundin,
sehr geehrter Kunde!

Die Durchschrift dieses Auftrags erhalten Sie als Annahmebestätigung und Benutzungserlaubnis vollzogen zurück. Füllen Sie deshalb dieses Formblatt mit Schreibmaschine aus, damit die Durchschrift gut lesbar ist.

Zur Bearbeitung Ihres Auftrags muß dieser bis zum Feld "Kündigung" ausgefüllt sein. Die "Freiwilligen Angaben" sind zum Teil für den Betrieb und die Planung des Telekommunikationsnetzes (Vermittlungseinrichtungen und Übertragungswege) wichtig.
Rechtsgrundlage für das Erheben der Daten sind die §§ 449–455, 363 und 364 der Telekommunikationsordnung (TKO).

Wenn Sie umziehen oder Ihr Geschäft verlegen und am neuen Ort wieder einen Wählanschluß der Gruppe P haben möchten, tragen Sie bitte für die "Erstmalige Bereitstellung" an der neuen Stelle entweder im Feld "Übernahme" oder im Feld "Erstmalige Bereitstellung" die notwendigen Angaben ein, und füllen Sie auch das Feld "Kündigung" aus.

Die Angaben über Branche bzw. Beruf und über das Berufsverhältnis werden auch für die Bearbeitung der Einträge in das amtliche Teilnehmerverzeichnis für den Datenübermittlungsdienst benötigt.

Geben Sie bitte auch Ihre Telexanschlüsse (Telexrufnummern) und Wählanschlüsse der Gruppen L und P (Rufnummern) an. Für Rückfragen geben Sie bitte die Rufnummer des technischen Sachbearbeiters an.

Die Anschrift wird außerdem für Werbezwecke an die Deutsche Postreklame GmbH übermittelt, die sie gegebenenfalls, nach Berufen ausgewählt, an Dritte weitergibt. Falls Sie letzteres nicht wünschen, streichen Sie bitte diese Erklärung im Feld "Werbung".

Die für den Betrieb der Endeinrichtungen erforderlichen Starkstromanschlüsse lassen Sie bitte auf Ihre Kosten errichten (§ 382 der TKO).

Sofern Sie Ihren bestätigten Auftrag auf "Erstmalige Bereitstellung" oder "Änderung" zurückziehen sollten, werden die für Sie durchgeführten Reservierungen aufgehoben und unter Umständen besondere Gebühren erhoben. Sollten Sie später einen neuen Auftrag erteilen, kann dieser nur erneut in der Reihenfolge der Auftragseingänge bearbeitet werden. Ihre bisherigen Terminwünsche können dann im allgemeinen **nicht** berücksichtigt werden.

Sofern Ihre privaten Endeinrichtungen zum gewünschten Inbetriebnahmetermin nicht bereitstehen sollten, die Arbeiten der Deutschen Bundespost aber abgeschlossen sind, wird/werden Ihr(e) Anschluß/Anschlüsse Ihnen von der Deutschen Bundespost betriebsfähig zur Verfügung gestellt. Spätestens nach einer Frist von längstens 14 Tagen nach der betriebsfähigen Bereitstellung werden die monatlichen Grundgebühren und ggf. monatliche Zuschläge erhoben, auch wenn der/die betroffene(n) Anschluß/Anschlüsse noch nicht genutzt wird/werden.

Mit freundlichen Grüßen
Ihr Fernmeldeamt

Erläuterungen zum Auftrag

Bitte lesen Sie vor dem Ausfüllen die nachstehenden Erläuterungen zu den entsprechenden Feldern des Auftrags. Das letzte Auftragsdoppel ist für Ihre Unterlagen bestimmt.

Übertragungsgeschwindigkeit

Ein Anschluß wird nur für die angegebene Übertragungsgeschwindigkeit überlassen. Der Betrieb mit einer anderen Übertragungsgeschwindigkeit ist unter bestimmten Voraussetzungen möglich. Die Übertragungsgeschwindigkeit von 600 bit/s ist im Telekommunikationsnetz (TK-Netz) nicht verfügbar. Übertragungsgeschwindigkeiten: 300 bit/s, 1200 bit/s, 1200/75 bit/s, 2400 bit/s, 4800 bit/s, 9600 bit/s und 48 000 bit/s.

Erstmalige Bereitstellung

Hier ist die tatsächliche Übertragungsgeschwindigkeit (Arbeitsgeschwindigkeit) der Endeinrichtung anzugeben. Die Angaben über die Schnittstelle erhalten Sie vom Lieferer Ihrer Endeinrichtung.

Die Angabe der DBP-Zulassungsnummer der Endeinrichtung ist unbedingt erforderlich. An den Wählanschluß der Gruppe P dürfen nur Endeinrichtungen angeschaltet werden, die den Schnittstellenbedingungen der Deutschen Bundespost entsprechen und vom Zentralamt für Zulassungen im Fernmeldewesen geprüft und zugelassen sind. Die Anschaltemöglichkeiten für an das Starkstromnetz anzuschaltende Einrichtungen der Deutschen Bundespost müssen am Einrichtungsort zur Verfügung stehen.
Die Deutsche Bundespost ist stets vorher zu unterrichten, wenn ein anderes, als im Auftrag bezeichnetes Endgerät angeschaltet werden soll. Die Erstanschaltung darf nur von den Bediensteten der Deutschen Bundespost vorgenommen werden.

Zusammenschaltung

Bitte alle Anschlüsse, mit denen die Endeinrichtung zusammengeschaltet werden soll, angeben, ggf. auf einem zusätzlichen Blatt in dreifacher Ausfertigung.

Übernahme

Eine Übernahme setzt voraus, daß die Endeinrichtungen in ihrem Umfang und ihrer Leistung unverändert übernommen und weiterbetrieben werden und daß der Übernehmende entweder der Nachfolger in den Wohn- oder Geschäftsräumen, in denen sich die überlassenen Telekommunikationsdienstleistungen befinden, ist, oder in diesen Räumen bereits ansässig war oder bleibt.

Besondere Betriebsmöglichkeiten

Bitte füllen Sie das entsprechende Zusatzblatt aus!
Die Deutsche Bundespost bietet Ihnen gegen Zahlung von monatlichen Gebühren die Entstörung der posteigenen Einrichtungen außerhalb der täglichen Dienstzeit (montags bis freitags von 08.00 bis 18.00 Uhr).

Kündigung

Soll der Unterbringungsort des bestehenden Anschlusses im Wege einer Um- oder Neuschaltung von Übertragungswegen im allgemeinen Netz der Deutschen Bundespost geändert werden (Ortsveränderung) oder wird eine Änderung der Übertragungsgeschwindigkeit gewünscht, muß das Feld "Kündigung" angekreuzt und ausgefüllt werden, gleichzeitig ist im Fall der Ortsveränderung für den neuen Ort oder die neue Straße die "Übernahme" oder die "Erstmalige Bereitstellung" in Auftrag zu geben.

Wählanschluß der Gruppe **P**

Auftrag im Datenübermittlungsdienst

Überlassen von Wählanschlüssen mit digitalen Anschaltepunkten für paketvermittelte Wählverbindungen

Angaben der Post

☐ P10H ☐

☐ P20H

Ortsnetzbereich

Bg/Re

AbsGr

FKTO

Eingangsstempel der Post

Angaben des Kunden

☐ Erstmalige Bereitstellung ☐ Änderung ☐ Übernahme ☐ Besondere Betriebsmöglichkeiten ☐ Kündigung

Bitte mit Schreibmaschine oder Kugelschreiber ausfüllen

Auftraggeber (Vorname, Name/Firma, vollständige Anschrift, ggf. Postfach)

Telefon-Nr. (tagsüber) für Rückfragen
Vorwahl | Rufnummer

Geburtsdatum (nicht bei Firmen usw.)

Standort, falls von obiger Anschrift abweichend

☐ Die Gebühren sollen abgebucht werden. Ich/Wir bitte(n), mir/uns ein entsprechendes Formblatt zuzusenden.

Anschrift eines Empfangsbevollmächtigten (falls nicht identisch mit Auftraggeber) für die Fernmelderechnung und alle sonstigen Mitteilungen im Fernmelderechnungsdienst (z. B. Zahlungserinnerung)

☐ Die Gebühren sollen von demselben Konto wie bei dem unten angegebenen, bereits vorhandenen Anschluß abgebucht werden.

Ich/Wir habe(n) folgende Rufnummer(n) im Datenübermittlungsdienst

Der Anschluß gehört zu einem Anwender-Datennetz. Wenn ja: Netzplan-Nr. der DBP

Übertragungsgeschwindigkeit

Wählanschluß der Gruppe P mit einer Übertragungsgeschwindigkeit von

_ _ _ _ _ bit/s ☐ 1200/75 bit/s

Erstmalige Bereitstellung oder Änderung

☐ Zusatzblatt ausgefüllt

Terminwunsch

Tatsächl. Übertragungsgeschwindigkeit

Bezeichnung und Typ der Endeinrichtung

DBP-Zulassungsnummer

Instandhaltung der Endeinrichtung durch (Name, Anschrift)

Privates Endgerät wird bereitgestellt zum (Datum):

Zusammenschaltung

Die Endeinrichtung soll mit anderen Fernmeldeanlagen zusammengeschaltet werden
Ja (Beschreibung der Anlage und Ruf- bzw. Rechnungs-Nr.)

☐ Nein

Besondere Wünsche

Nutzung als Back-up-Anschluß
☐ Ja

Übernahme

Rufnummer

Fernmeldekontonummer

Terminwunsch

Die Endeinrichtung wird
☐ übernommen ☐ nicht übernommen

Anzuschaltende Endeinrichtungen im Feld "Erstmalige Bereitstellung" eintragen

Falls Sie hier nichts eintragen, wird der Eintrag von der Post festgelegt

Haupteintrag im amtlichen Teilnehmerverzeichnis für den Datenübermittlungsdienst

Nebeneintrag (gebührenpflichtig)

Besondere Betriebsmöglichkeiten

☐ Zusatzblatt ausgefüllt

Entstörung außerhalb der täglichen Arbeitszeit

☐ Montag bis Freitag von 18.00 bis 08.00 Uhr sowie an Wochenenden und gesetzlichen Feiertagen durchgehend.

Kündigung

Vollständige Anschrift

Termin

Ortsnetzbereich und Rufnummer

Freiwillige Angaben

Bitte hier Branche oder Beruf angeben (z. B. Maschinenbau, Großhandel usw.)

Der Anschluß wird überwiegend genutzt
☐ geschäftlich ☐ privat

Werbung

Ich bin/Wir sind widerruflich damit einverstanden, daß meine/unsere Anschrift und ggf. die Berufsgruppe der Deutschen Postreklame GmbH übermittelt wird.

Wenn Sie damit nicht einverstanden sind, dann streichen Sie bitte diese Erklärung

Bitte vergessen Sie nicht Ihre Unterschrift

Ort, Datum

Unterschrift (bei juristischen Personen rechtsgültige Zeichnung)

Der "Auftrag im Datenübermittlungsdienst" stellt einen Antrag gemäß §§ 363 und 364 der Telekommunikationsordnung (TKO) dar. Mit seiner Bestätigung durch die Deutsche Bundespost wird ein öffentlich-rechtliches Teilnehmerverhältnis begründet oder geändert, für das die Vorschriften der TKO gelten.

Blatt 1
für DSt Am

Zusatzblatt zum Auftrag im Datenübermittlungsdienst

Wählanschluß der Gruppe P (P 10 H/X. 25)

Diese Angaben trägt die Post ein

Auftraggeber (Vorname, Name/Firma, vollständige Anschrift, ggf. Postfach)

Eingangsstempel der Post

Lage des Anschlusses

☐ Anhang zur Fernmelderechnung ☐ Einzelgebührennachweis über Wählerverbindungen der Gruppe 5

FKTO

Übertragungsgeschwindigkeit

☐ 2 400 bit/s ☐ 4 800 bit/s ☐ 9 600 bit/s ☐ 48 000 bit/s

ABSGR

Zusätzliche Protokolle

☐ P 20 B (X. 29) ☐ P 32 B ☐ P 33 B ☐ P 42 B ☐

BG | RE

Zum Auftrag vom (Datum)

Physikalische Schnittstelle der Dateneinrichtung (DEE)

☐ X. 21 bis (V 24) ☐ X. 21 ☐ V. 11

Rufnummer des Wählanschlusses Gr. P

Subadresse

☐ keine ☐ 1stellig ☐ 2stellig ☐ 3stellig

Möglichkeiten der Verbindungsgebührenübernahme bei ankommendem gewählten Ruf [1] ☐ nein ☐ ja

Teilnehmerbetriebsklasse (TBK)

☐ keine TBK Nr. [2] ☐ Zugang zur Generalklasse gestattet ☐ Zugang aus der Generalklasse gestattet

D-Bit-Modifikation ☐ nein ☐ ja

Sammelanschluß ☐ nein ☐ ja [3]

Anzahl der logischen Kanäle

☐ ein logischer Kanal ☐ Mehrfachkanalanschluß

Anzahl der logischen Kanäle

1 Bei Auslandsverbindungen ist die Angabe, welche der beiden Endstellen federführend ist und die Durchsatzklasse erforderlich. Die Zustimmung der Auslandsfernmeldeverwaltung ist erforderlich.

2 Die Notwendigkeit einer TBK kann nur bei GVV entstehen. Bitte Liste (und bei bestehender TBK Zustimmung des Bevollmächtigten der TBK) der Teilnehmergemeinschaft beifügen.

3 Es können nur Anschlüsse eines Netzknotens zusammengefaßt werden. Bitte Liste der zusammenzufassenden WAsGr. P-Rufnummern beifügen.

Angaben zu den logischen Kanälen bzw. dem logischen Kanal

Gewählte virtuelle Verbindungen (GVV)

Anzahl der Kanäle	nur abgehend	abgehend und ankommend	nur ankommend	Fenstergröße w [4] Senden	Empfangen

4 Der Standardwert von w ist 2. Für alle GVV muß die Fenstergröße gleich gewählt werden.

Feste virtuelle Verbindungen (FVV) [1]

Kanalnummer	Gegenstelle: WAsGr. P-Rufnummer, Name und Ort	Kanalnummer	Gebührenübernahme durch Gegenstelle ja	nein	Fenstergröße w [4] Senden	Empfangen
			☐	☐		
			☐	☐		
			☐	☐		
			☐	☐		

Bei weiteren logischen Kanälen bitte ergänzende Austellung beifügen, derzeit sind maximal 120 FVV je WasGr. P 10 H realisierbar.

Ort | Datum | Unterschrift (bei juristischen Personen rechtsgültige Zeichnung)

WD 1.88/87654321
A4 (4) – 36

Anlage 8.1 E. Blatt 1

932 037 000-7

Zusatzblatt zum Auftrag im TEMEX-Dienst
Überlassen von TEMEX-Anschlüssen

Zum Auftrag vom

Angaben des Kunden

Auftraggeber (Vorname, Name/Firma, vollständige Anschrift, ggf. Postfach)

Eingangsstempel der Post

Standard-Betriebsmöglichkeiten

TEMEX-Anschluß zur Anschaltung von **Fernwirkaußenstellen**

☐ Ausführung A ☐ Ausführung B ☐ Ausführung C ☐ Ausführung D
☐ Ausführung E ☐ Ausführung F ☐ Ausführung G

TEMEX-Fernwirkanschluß zur Anschaltung von **Fernwirkleitstellen**

☐ Ausführung L

Netzdienstleistungen

☐ TEMEX-Kennung ☐ Sammelaufforderung 1 ☐ Sammelaufforderung 2

Angaben für den Inhaber von Fernwirkaußenstellen

Die TEMEX-Anschlüsse sollen eingerichtet werden: (Name, Straße, Hausnummer, Ortsteil, Postleitzahl, Ort)	Fernwirkinformation TSS	Art	Anzahl	Zugehöriger TEMEX-Anschluß für Fernwirkanbieter (Name der TEMEX-Kennung)	Telefonnummer des Inhabers von Fernwirkaußenstellen (wenn vorhanden)
a					
b					
c					
d					
e					
f					
g					
h					
i					
j					

Bezeichnung und Typ der privaten Fernwirkendgeräte	Name des Zulassungsinhabers	DBP-Zulassungsnummer
zu a		
zu b		
zu c		
zu d		
zu e		
zu f		
zu g		
zu h		
zu i		
zu j		

Erklärung des Fernwirkanbieters

TEMEX-Fernwirkanbieter

Mit der Anschaltung der Fernwirkaußenstelle an unsere Fernwirkleitstelle bin ich / sind wir einverstanden.

Ort

Datum

Unterschrift (bei juristischen Personen rechtsgültige Zeichnung)

Bitte vergessen Sie nicht Ihre Unterschrift

Beu 1.88/87654321
A4 (4) - 36 f

Anlage 8.1 F. Blatt 1

932 036 000-1

8.2 Zulassungsformulare (Personen)

A. Berufsspezifische Voraussetzungen

B Muster für Zulassungsantrag

Amtsbl 55, 13. 5. 1988 1051

ZZF 9 R 100 **Anlage 2 zur AmtsblVfg 437/1988**

Berufsspezifische Voraussetzungen für die Zulassung zum Errichten, Ändern und Instandhalten privater Endstelleneinrichtungen

Für die Zulassung zum Errichten, Ändern und Instandhalten privater Endstelleneinrichtungen ist es erforderlich, daß die verantwortliche Fachkraft die Voraussetzungen erfüllt, die mindestens in einer der Zeilen lfd. Nr. 1 bis 7 der untenstehenden Tabelle genannt sind.

lfd Nr.	Diplom/ Ausbildungs-abschluß/ Praxis	Fachrichtung (FR)
1	TH, FH:	Fernmelde- oder Nachrichtentechnik
2	TH, FH:	Elektrotechnik oder artverwandte FR
	und Ausbildungs-beruf	Fernmeldemechaniker, Fernmeldemonteur, Fernmeldehandwerker, Fernmeldeelektroniker, Kommunikationselektroniker – FR Telekommunikationstechnik
3	TH, FH:	Elektrotechnik oder artverwandte FR
	und 3 Jahre Praxis	Berufserfahrung auf dem Fernmelde-, Nachrichten- oder Büromaschinensektor
4	Meister:	Fernmeldemechanikermeister, Industriemeister – FR Nachrichtentechnik, Fernmeldeanlagenelektronikermeister
5	Meister:	Elektrotechnik oder artverwandte FR, Büromaschinenmechaniker, Büroinformationselektroniker
	und 3 Jahre Praxis:	Errichten und Instandhalten privater Endstelleneinrichtungen
6	Ausbildungs-beruf:	Fernmeldemechaniker, Fernmeldemonteur, Fernmeldehandwerker, Fernmeldeelektroniker, Kommunikationselektroniker – FR Telekommunikationstechnik
	oder anerkannter Techniker:	Nachrichtentechnik
	und 3 Jahre Praxis:	Errichten und Instandhalten privater Endstelleneinrichtungen
7	Ausbildungs-beruf oder anerkannter Techniker:	Elektrotechnik oder artverwandte FR, Büromaschinenmechaniker
	und 3 Jahre Praxis: (1. Befristung: 2 Jahre)	Errichten und Instandhalten privater Endstelleneinrichtungen

1050 Amtsbl 55, 13. 5. 1988

Anlage 1 zur AmtsblVfg 437/1988

ZZF 9 R 100

Muster für Zulassungsantrag

Zentralamt für Zulassungen
im Fernmeldewesen
Postfach 30 50

6600 Saarbrücken

Hinweis gemäß § 9 Abs. 2 des Bundesdatenschutzgesetzes: Die nachstehenden Angaben sind für die Bearbeitung des Antrages erforderlich. Sie werden aufgrund § 168 Abs. 3 TKO erhoben und beim ZZF gespeichert.

Antrag auf Zulassung zum Errichten, Ändern und Instandhalten privater Endstelleneinrichtungen

Antragsteller:

....
Name, Vorname / Firma

....
Postfach / Straße, Hausnummer

....
PLZ, Ort

Beantragt wird eine

☐ neue Zulassung ☐ Änderung der bestehenden Zulassung Nr. ....

als

☐ Unternehmerzulassung ☐ Teilnehmerzulassung

für folgende **Dienste**

☐ Telefondienst
☐ Telexdienst
☐ Teletexdienst
☐ Telefaxdienst
☐ Bildschirmtextdienst
☐ Sonstige Dienste ....
....
☐ Datenübermittlungsdienst an analogen Anschlüssen
☐ Datenübermittlungsdienst an digitalen Anschlüssen
☐ Temexdienst

Die Zulassung wird beantragt für

☐ den (die) Bezirk(e) der OPD ....
....

☐ den Bereich der DBP.

Verantwortliche Fachkraft

☐ Antragsteller selbst
geboren am: ....

☐ Folgende Person:
Name: ....
Vorname: ....
geboren am: ....

Die verantwortliche Fachkraft erfüllt die berufsspezifischen Voraussetzungen nach Anlage 2, lfd. Nr. .... der Richtlinie ZZF 9 R 100.

Die entsprechenden Nachweise (einschl. evtl. erforderlicher Praxis)

☐ sind beigefügt ☐ werden nachgereicht

☐ Die verantwortliche Fachkraft ist bei mir (uns) beschäftigt.

(**Nur für Unternehmerzulassung;** Aussagen über gerätetechnische Voraussetzungen für **Teilnehmerzulassung** bitte unter „Bemerkungen")

☐ Eine Kurzbeschreibung über die organisatorischen und gerätetechnischen Voraussetzungen ist beigefügt.

☐ Der Nachweis über den Eintrag in die Handwerksrolle bzw. in das Handelsregister ist beigefügt.

Es wird gebeten, das **Fachgespräch** mit dem Fachausschuß der Oberpostdirektion .... durchzuführen.

Bemerkungen:

....
....

Ich (wir) erkläre(n) hiermit ausdrücklich, daß ich (wir) die Richtlinie ZZF 9 R 100 anerkenne(n) und die dort in Abschnitt 6 genannten Entgelte für das Zulassungsverfahren entrichten werde(n).

....
PLZ Ort Datum

.... Anlagen
Unterschrift

Stand 4.88

8.2 B. Muster für Zulassungsantrag

8.3 Fördermaßnahmen

8.3.1 Protokollsoftware für Fernwirkleitstelle

Das FTZ hat mitgeteilt, daß die bereits angekündigte Protokollsoftware für FWLST, finanziell von der DBP gefördert, von der Fa. Dr. Neuhaus fertiggestellt und vom FTZ freigegeben ist.
Das geförderte Programmpaket beinhaltet die für die beiden TEMEX-Betriebsversuchssysteme der Firmen Racal-Milgo GmbH und SEL für Fernwirkleitstellen vorgeschriebene Protokollsoftware einschließlich einfachster Anwenderoberfläche mit einer für beide Protokolle gleichen Schnittstelle zur Anwendersoftware. Damit ist sichergestellt, daß eine auf diese Protokollsoftware aufgesetzte Anwendersoftware an beiden TEMEX-Systemen eingesetzt werden kann.
Das angebotene Softwarepaket umfaßt 2 Disketten, sowie je TEMEX-Betriebsversuchstechnik, 3 Dokumentationshandbücher zur Anpassung der Anwenderoberfläche bzw. zum Portieren der Software auf »nicht IBM-kompatible« Leitstellenrechner bzw. -Betriebssysteme.
Die Software ist unverändert auf folgender Hardwarekonfiguration lauffähig.

- IBM PC/XT/AT oder vollständig kompatiblen Rechnern.
- IBM BSCA-Karte (Binary Synchronous Communications Adapter).
- Die Interruptleitungen IRQ 3 und 4 dürfen von anderen Baugruppen weder benutzt noch blockiert werden.

Zur Übersetzung und Ausführung ist folgende Systemsoftware notwendig.

- PC-DOS-Betriebssystem.
- Microsoft-Makroassembler »MASM«.
- Microsoft-Linker »LINK«.

Das o.g. Softwarepaket kann gegen eine Gebühr von DM 1000,– (für beide Protokolle incl. 1 Stunde Telefonsupport) bei der Firma

MEL Dr. Neuhaus
Haldenstieg 3
2000 Hamburg
Tel.: 040/55 42 12-0
angefordert werden.

8.3.2 Softwareförderung – Basiskarten

Das FTZ hat die beiden angekündigten und von der DBP geförderten Basiskarten geprüft und freigegeben.
Das Angebot erstreckt sich über die Kommunikationsprotokolle der beiden TEMEX-Betriebsversuchs-Systeme der Firmen Racal-Milgo und SEL für die

seriellen Fernwirkendeinrichtungen. Die Protokollsoftware ist in EPROM gespeichert und bietet für beide Protokolle dieselbe Schnittstelle zur Anwendung. Die geförderten Basiskarten werden von folgenden Firmen angeboten:

1. Fa. Wiemer und Strube
Gegen eine Schutzgebühr von DM 200,– sind diese EPROM mit ausführlicher Dokumentation, d.h. Beschreibung der Hardware-Umgebung, genauer Beschreibung der Schnittstelle zur Anwenderoberfläche sowie der verfügbaren ESCAPE-Sequenzen und das komplette Programmlisting erhältlich.
Gegen eine Schutzgebühr von DM 440,– (für das Gesamtpaket) ist die Basiskarte zu beziehen, bei der die EPROM-Software sofort lauffähig ist. Die Basiskarte ist in vier verschiedenen Betriebsarten zu verwenden:

1.1 Slavebetrieb: Lauffähig in jedem ECB-Bus-System sowie über Adapter auch auf einem PC (eigenständige Abwicklung des Protokolls). Der Vorteil besteht in der einfachen Ankopplung an die Systemsoftware.

1.2 Masterbetrieb: Die Karte ist alleinstehend betreibbar bzw. kann andere Peripheriekarten steuern. Eine eigene Anwendersoftware kann in EPROM implementiert werden.

1.3 Terminalbetrieb: In Verbindung mit einem VT100-Terminal kann die Kommunikation mit dem TEMEX-Netzabschluß (TNA) beobachtet werden.
1.4 Demobetrieb: Ohne zusätzliche Software können vorhandene Geräte hardwaremäßig angekoppelt werden.
Die Basiskarte bietet folgende Schnittstellen:
- Eine freie serielle Schnittstelle
- Eine Schnittstelle für parallele Ausgabe 8 Bit/48mA
- Eine zusätzliche komfortable Parallelschnittstelle für digitale Ein-/Ausgaben. Die 8 Bit können dabei frei als Eingabe- oder Ausgabekanäle programmiert werden.
- Optional zwei zusätzliche serielle Schnittstellen als 4 Kanal 8 Bit D/A-Wandler und 8 Kanal 10 Bit A/D-Wandler.

Die Basiskarte ist sowohl für einfache als auch für komplexe Anwendungen geeignet. Sie kann ab sofort bei der Firma

Wiemer und Strube
Opelstr. 10
6750 Kaiserslautern 25
Telefon: 06301/60120
angefordert werden.

2. Fa. Remme-Nachrichtentechnik
Diese EPROM sind mit derselben Ausstattung wie unter 1 gegen eine Schutzgebühr von DM 150,– erhältlich. Eine Basiskarte, auf der die EPROM-Software sofort lauffähig ist, kostet DM 425,– für das Gesamtpaket.
Der anwenderseitige Datenaustausch erfolgt in paralleler Darstellung über Ports und wird mit »Handshake-Leitungen« gesteuert.
Die Basiskarte bietet folgende Schnittstellen:
Jeweils 8 Bit parallel mit zwei »Handshake-Leitungen«:
 1 Eingabeport
 2 Ausgabeports mit »tristate«-Ausgängen
 (separat für zeitkritische und zeitunkritische Daten in Befehlsrichtung).
Ferner enthält die FWEE-Basiskarte einen UART für die optionale serielle Datenein- und Ausgabe. Dazu ist ein Eingriff in das Programm erforderlich. Die Dokumentation der Software und eine Implementationsanleitung sind bei der Fa. Remme-Nachrichtentechnik erhältlich. Die oben beschriebenen Leistungen können bei der Firma

Remme-Nachrichtentechnik
Grevener Str. 112–114
4400 Münster
Telefon: 02 51/2 07 77
angefordert werden.

8.4 TEMEX-Netzabschlüsse

TEMEX-Netzabschluß Typ TNA 881

Einzelgerät für Wandbefestigung.
Schnittstellen: 8 TSS 11 passiv
8 TSS 12
1 TSS–13/14/15/17 passiv

Bezeichnung der Schnittstellenleitungen:
Fernsprech-Anschlußleitungen: ASLA/B und ASLB/A für die a- und b-Ader der Anschlußleitung zur Vermittlungsstelle. TELA/B und TELB/A für die a- und b-Ader der Anschlußleitung zum Telefon.

Bezeichnung der Kontaktschnittstellen:
- Empfänger: TSS 11/1 bis TSS 11/8
 jeder Kanal jeweils »+« für den positiven Pol
 und »–« für den negativen Pol.

- Sender: TSS 12/1 bis TSS 12/8
  jeder Kanal jeweils »+« für den positiven Pol
  und »–« für den negativen Pol.

Bezeichnung der seriellen Schnittstellen:
- TSS-S/1 für Kanal 1
- TSS-S/2 für Kanal 2
  jeder Kanal jeweils »+« für den positiven Pol
  und »–« für den negativen Pol.

Mechanische Ausführung der Schnittstellen: 2polige Schraubklemmleisten. Die Klemmanschlüsse können Adernquerschnitte bis 1,5 mm^2 aufnehmen.

TEMEX-Netzabschluß Typ TNA 002

Einzelgerät für Wandbefestigung.
Schnittstellen: 2 × TSS-13/14/15/17 passiv
Bezeichnung der Schnittstellenleitungen:
Fernsprech-Anschlußleitungen: ASLA/B und ASLB/A für die a- und b-Ader der Anschlußleitung zur Vermittlungsstelle. TELA/B und TELB/A für die a- und b-Ader der Anschlußleitung zum Telefon.

Bezeichnung der seriellen Schnittstellen:
- TSS-S/1 für Kanal 1
- TSS-S/2 für Kanal 2
  jeder Kanal jeweils »+« für den positiven Pol
  und »–« für den negativen Pol.

Mechanische Ausführung der Schnittstellen: 2polige Schraubklemmleisten. Die Klemmanschlüsse können Adernquerschnitte bis 1,5 mm^2 aufnehmen.

TEMEX-Netzabschluß Typ TNA 440

Einzelgerät für Wandbefestigung.
Schnittstellen: 4 TSS 11 passiv
4 TSS 12

Bezeichnung der Schnittstellenleitungen:
Fernsprech-Anschlußleitungen: ASLA/B und ASLB/A für die a- und b-Ader der Anschlußleitung zur Vermittlungsstelle. TELA/B und TELB/A für die a- und b-Ader der Anschlußleitung zum Telefon.

Bezeichnung der Kontaktschnittstellen:
- Empfänger: TSS 11/1 bis TSS 11/4
  jeder Kanal jeweils »+« für den positiven Pol
  und »–« für den negativen Pol.
- Sender: TSS 12/1 bis TSS 12/4
  jeder Kanal jeweils »+« für den positiven Pol
  und »–« für den negativen Pol.

Mechanische Ausführung der Schnittstellen: 2polige Schraubklemmleisten. Die Klemmanschlüsse können Adernquerschnitte bis 1,5 mm^2 aufnehmen.

TEMEX-Netzabschluß-Modul Typ TNM 881 M

Einfach-Europakarte zum Einschub in FWEG bzw. FWEE, Ausführung: 2 HE/5 TE nach DIN 41494.
Schnittstellen: 8 TSS 11 passiv
8 TSS 12
1 TSS–13/14/15/17 passiv
Die Schnittstellen liegen auf einer 96poligen Federleiste (nach DIN 41612, Bauform R 96).

Belegung der Federleiste:

Nr.	a	b	c
1	BR1	–	BR1
2	–	–	–
3	ASLA/B	–	ASLB/A
4	–	–	–
5	–	–	–
6	–	–	–
7	TELA/B	–	TELB/A
8	–	–	–
9	TSS-S/1–	TSS-S/5–	TSS-S/3–
10	TSS-S/1+	TSS-S/5+	TSS-S/3+
11	TSS-S/2–	TSS-6/6–	TSS-S/4–
12	TSS-S/2+	TSS-S/6+	TSS-S/4+
13	TSS11/1–	TSS11/7–	TSS11/4–
14	TSS11/1+	TSS11/7+	TSS11/4+
15	TSS11/2–	TSS11/8–	TSS11/5–
16	TSS11/2+	TSS11/8+	TSS11/5+

Nr.	a	b	c
17	TSS11/3–	TSS11/9–	TSS11/6–
18	TSS11/3+	TSS11/9+	TSS11/6+
19	TSS12/1–	TSS12/7–	TSS12/4–
20	TSS12/1+	TSS12/7+	TSS12/4+
21	TSS12/2–	TSS12/8–	TSS12/5–
22	TSS12/2+	TSS12/8+	TSS12/5+
23	TSS12/3–	TSS12/9–	TSS12/6–
24	TSS12/3+	TSS12/9+	TSS12/6+
25	–	–	–
26	–	–	–
27	–	–	–
28	–	–	–
29	–	–	–
30	–	–	–
31	–	–	–
32	BR2	BR2	BR2

Begriffe und Abkürzungen

A

Abtastblock (Kap. 5.2.3)

Abtastung (TSS 11) (Kap. 5.2.3)
Mit Hilfe einer Abtastung können analoge Werte in digitale Stufen (diskrete Werte) umgewandelt werden.

Anbieter (Kap. 3.1)
Der Anbieter (Fernwirkleitstelle) bietet dem Nutzer eine Fernwirkdienstleistung an.

Anmeldestelle (Fernmeldeamt) (Kap. 5.4.3)

APL (Kap. 4)
Abschlußpunkt des Liniennetzes: Ende der Fernsprechanschlußleitung mit dem Anschlußpunkt für die hausinternen Telefonleitungen.

Asb (Kap. 4.3)
Anschlußbereich: Der geografische Bereich der letzten Stufe des Telefonnetzes (Einzugsbereich der örtlichen Vermittlungsstelle).

Auftragsformular (Kap. 5.4.2)

Ausbaustrategie (Kap. 4)

Ausfallwahrscheinlichkeit (Kap. 6.3)
Statistische Aussage über die Wahrscheinlichkeit des Ausfalls eines Systems innerhalb einer angegebenen Zeitspanne.

B

Befehl (Kap. 5.1.3)
Die Fernwirkinformation von der Leitstelle, übermittelt an den Nutzeranschluß, wird Befehl genannt.

Betriebsversuche (Kap. 2.2)

Bezugsbereich (Kap. 5.1.2)

Bit (Kap. 3.4)
Kurzform für Binärzeichen (Anzahl der Binärentscheidungen pro Zeiteinheit in bit/s).

Byte (Kap. 3.4)
Byte: 8 Bit; Zeichen im Binärcode dargestellt, auch als Oktett bezeichnet.

C

Checksumme (Kap. 5.2.2)
Aus der Summe der übertragenen Informationsbits wird eine Prüfsumme gebildet. Auf der Empfangsseite kann durch Vergleich mit dieser Prüfsumme (Paritybit) eine fehlerhafte Übertragung erkannt werden.

D

Datenschutzgesetz (Kap. 6.5)

DATEX-L (Kap. 3.4)
Produktname der Post für den Datenübermittlungsdienst über Wählanschlüsse der Gruppe 3 (TKO-Definition).

DATEX-P (Kap. 3.4)
Produktname des paketvermittelten Datenübermittlungsdienstes der Post (Wählanschlüsse der Gruppe P).

Dienstleister (Kap. 3.1)
Der TEMEX-Dienstleister bietet seinen Kunden eine TEMEX-Dienstleistung an.

Dienstleistungsgesellschaft (Kap. 3.3)

Dienstleistungszentrale (Betrieb) (Kap. 6.1)

Dynamische Schnittstellen (siehe TSS 13/14/15) (Kap. 5.4.2)

E

Einfache Leitstelle (TSS 17) (Kap. 5.3)

Erprobungszulassung (Kap. 7.3.1)

Ersatzleitstellen (Kap. 5.4.2, 6.4)

F

Fachliche Voraussetzungen (Zulassung) (Kap. 7.3.2)

Fernspeisung (ferngespeister TNA) (Kap. 5.2.2)
Die elektrische Energie zum Betrieb des TNA wird von der Post ferngespeist aus der Vermittlungsstelle zur Verfügung gestellt.

Fernsprechanschlußleitung (Kap. 5.2)
Zweiadrige Verbindungsleitung zwischen dem Telefonapparat und der örtlichen Vermittlungsstelle.

Fernwirkaußenstellen (Kap. 5.4.2)
Die TEMEX-Nutzeranschlüsse werden auch Fernwirkaußenstellen genannt.

Fernwirkdienstleistung (Kap. 3.2)

Fernwirken (Kap. 2.1)

Fernwirk-Endeinrichtung (FWEE) (Kap. 5.2.2)

Fernwirk-Endgerät (FWEG) (Kap. 5.2.2)

Fernwirkleitstelle (FWLST) (Kap. 3.3)

FEWAS (Kap. 2.2)
Fernwirken auf der Telefonanschlußleitung (Name einer Projektstudie).

Fördermaßnahmen (Kap. 2.2)

Folgeleitstellen (Kap. 5.4.2)

FWEE siehe Fernwirk-Endeinrichtung

FWEG siehe Fernwirk-Endgerät

FWLST siehe Fernwirk-Leitstelle

G

Gerätetechnische Voraussetzungen (Kap. 7.3.2)

Gerätezulassung (Kap. 7.3)

H

Hausbussystem (Kap. 5.2.2)
Fernwirkübertragungssystem (vom TNA zum Fernwirkendgerät), realisiert durch ein Hausbussystem.

Herbeirufverfahren (Kap. 6.1)

I

IDN (Kap. 2.3)
Bezeichnung für Integriertes Text- und Datennetz, das mit Einführung der TKO benutzungsrechtlicher Bestandteil des öffentlichen Telekommunikationsnetzes wurde.

„Inhouse"-Fernwirknetze (Kap. 5.2.2)

ISDN (Kap. 1, 4.5)
Integrated Service Digital Network, Dienste-integrierendes digitales Fernmeldenetz, Teil des öffentlichen Telekommunikationsnetzes.

K

Koaxial-Kabel-Netz (Kap. 5.2.2)
In Stern- oder Baumstruktur ausgeführtes Breitbandverteilnetz im Wohngebäude.

Kontaktschnittstellen (siehe TSS 11, 12) (Kap. 5.4.2)

L

Leistungsnummer (Kap. 3.3)

Leitstellenbetreiber (Kap. 3.2)

Leitstellenprogramm (Kap. 6.1)

Lernbehelf (Kap. 7.4)

M

„Master"-Funktion (Kap. 5.2.2)
Die TNA übernimmt in der Protokollsteuerung die Master-Funktion. Das Fernwirkendgerät antwortet als „Slave".

Mehrpunktverbindung (siehe TSS 14m) (Kap. 5.1.4)

Mehrwegeführung (Kap. 6.3)

Mehrwert-Dienstleistung (Kap. 3.1, 5.2.1)
Über das TEMEX-Trägernetz wird die „Mehrwert-Dienstleistung" vom Anbieter (Leitstellenbetreiber) dem Nutzer angeboten.

Meldung (Kap. 5.1.3)
Die Fernwirkinformation, vom Nutzeranschluß an die Leitstelle übermittelt, wird Meldung genannt.

Mindestüberlastungsdauer (Kap. 5.4.3)

Mitteilungspflicht (Zulassung) (Kap. 7.3.2)

N

Nachrichtenquelle (Kap. 2.3)
Ursprung der Daten, Sendestelle.

Nachrichtensenke (Kap. 2.3)
Bestimmungsort der Daten, Empfangsstelle.

Netz (Kap. 2.3)
Ein Netz ist die Gesamtheit aller vermittlungs- und übertragungstechnischen Einrichtungen zum Übertragen von elektrischen Signalen.

Netzdienstleistungen (Kap. 5.4.2)

Netzknoten (Kap. 2.3)
Einrichtungen des öffentlichen Telekommunikationsnetzes mit Vermittlungs-, Konzentrator- oder Verteilfunktion für elektrische Signale.

Nutzer (Kap. 3.1)
Nutzer einer Fernwirkdienstleistung.

Nutzeranschlüsse (Kap. 3.3)

O

Öffentliches Telekommunikationsnetz (Kap. 2.3)
Das öffentliche Telekommunikationsnetz wird von der Deutschen Bundespost für die Nutzung durch jedermann zur Verfügung gestellt. Für alle Teilnehmer gelten die selben Bedingungen.

Oktett (siehe Byte) (Kap. 5.2.2)

ON (Kap. 4.3)
Ortsnetz, siehe auch Ortsnetzbereich.

OPD (Kap. 4.4)
Oberpostdirektion; eine Mittelbehörde, die direkt dem Bundesministerium für das Post- und Fernmeldewesen unterstellt ist; sie ist vorgesetzte Behörde für die Ämter ihres Bereiches.

Ortsnetzbereich (Kap. 4.3)
Der geografische Bereich des öffentlichen Telekommunikationsnetzes, in dem Wählverbindungen ohne Wahl einer Ortsnetzkennzahl hergestellt werden können.

P

Paketvermittlung (Kap. 4.2, 4.5)
Vermittlungsverfahren, bei dem die Datenübermittlung paketweise geschieht. Längere Informationen werden dabei in mehrere Pakete zerlegt. Bei einer Paketvermittlung besteht keine direkte (physische) Verbindung zwischen den beiden Anschlüssen; es wird eine virtuelle Verbindung hergestellt, über die Daten in Form von genormten und mit Adressen versehenen Paketen übertragen werden.

Personenzulassung (Kap. 7.3)

Polling (Kap. 5.2.2)
Der TNA fragt mit einem sogenann-

bei der Fernwirkendeinrichtung an, ob eine Information übertragen werden soll.
ten »Polling« alle zwei Sekunden
Posteigener Stromweg
(Kap. 2.2.1)
Aus dem allgemeinen Netz der DBP überlassener Übertragungsweg als Bestandteil einer nicht zum öffentlichen Kommunikationsnetz gehörenden Fernmeldeanlage.

Postmietleitung (Kap. 2.2)
Gegen Gebühr überlassener Übertragungsweg, im nationalen Bereich als Direktrufverbindung oder »Festverbindung«.

Postspezifische Fachkenntnisse (Zulassung) (Kap. 7.3.2)

Potentialfreier Kontakt
(Kap. 5.2.2)

Private Endstelleneinrichtung (Kap. 5.4.3)
Endeinrichtungen und Endstelleneinrichtungen, die nicht der DBP gehören und auch nicht von der DBP dem Teilnehmer übereignet wurden, sondern die der Teilnehmer sich selbst beschafft. Zum Anschluß an das öffentliche Telekommunikationsnetz wird eine Zulassung durch die DBP benötigt.

Prüfungs- und Anforderungskatalog (Kap. 7.4)

R

Redundanz (Fernwirkverbindung) (Kap. 6.3)

Rückkanal (Kap. 6.3)

S

Sammelauftrag/Sammelaufforderung (Kap. 5.1.2, 5.4.2, 6.1)
Als Sammelauftrag (Sammelaufforderung) werden Netzdienstleistungen bezeichnet, die das Übermitteln von Fernwirkinformationen von mehreren Nutzeranschlüssen zu einer Leitstelle durch einen einzigen Befehl ermöglichen.

Schnittstelle (Kap. 5.4)
Dient der Abgrenzung von technischen Funktionen oder von Verwaltungszuständigkeiten bei Geräten, Anlagen, Leitungsnetzen oder Software. Bei der Datenübertragung ist es die Übergabestelle zwischen Datenendeinrichtung und Datenübertragungseinrichtung. Sie umfaßt die Gesamtheit der Festlegungen
- der physikalischen Eigenschaften der Schnittstellenleitungen,
- der Bedeutung der auf den Schnittstellenleitungen ausgetauschten Signale und
- der gegenseitigen Abhängigkeiten der ausgetauschten Signale.

Die Grundlage bilden die CCITT-Empfehlungen der V-Serie für die Datenübertragung über Fernsprechwege und der X-Serie für die Datenübertragung in Datennetzen.

Serientechnik (Kap. 2.2)

»Service aus einer Hand« (Kap. 6.5)

Sozialer Notruf (Kap. 3.3)

SPS siehe Vorwort
Speicherprogrammierbare Steuerung

Standleitung (Kap. 2.2.1)
Festgeschaltete Verbindung zwischen zwei oder mehreren Datenendeinrichtungen

Systemdurchlaufzeit (Kap. 5.4.2)

Systementscheid (Kap. 4.1)

T

TA (Kap. 4.5)
Abkürzung für »Terminal-Adapter«; Endeinrichtung zum Anschluß von jetzt vorhandenen Endgeräten an das ISDN.

TbF (Kap. 7.1)
Abkürzung für »Technisch-betriebliche Funktionsbedingungen«

Teilnehmerzulassung (Kap. 7.3.2)

Telefonnetz (Kap. 4.3)
Teil des öffentlichen Telekommunikationsnetzes, vorwiegend zur Übertragung von Sprache.

Telekommunikationsdienst
(Kap. 2.3)
Das Bereitstellen von Dienste-Regelungen und Telekommunikationsdienstleistungen durch die DBP für Zwecke der Telekommunikation.

Telekommunikationsordnung, siehe TKO (Kap. 2.2)

TEMEX (Kap. 1)
Kunstwort aus Telemetry-Exchange. Telekommunikationsdienst der DBP für das Übertragen von Fernwirkinformationen unter Mitbenutzen der vorhandenen Anschlußleitungen der Telefonanschlüsse.

TEMEX-Anbieter (Kap. 3.1)
Inhaber einer Leitstelle

TEMEX-Anwendernetz
(Kap. 5.2.2)

TEMEX-Anwendung (Kap. 5.1)
Übertragung und Auswertung von Fernwirkinformationen zum Fernüberwachen (Melderichtung) oder Fernsteuern (Befehlsrichtung) über das TEMEX-Netz der Post.

TEMEX-Ausbauzeiträume
(Kap. 4.2)

TEMEX-Beauftragter/Experte
(Kap. 4.4, 5.4)
örtlicher TEMEX-Beauftragter des Fernmeldeamtes.

TEMEX-Beratungsbereich
(Kap. 4.4)

TEMEX-Hauptzentrale (THZ)
(Kap. 3.4)
Sie vermittelt als zentraler Netzknoten innerhalb des Versorgungsbereichs Fernwirkinformationen zwischen dem TEMEX-Anbieteranschlüssen und den Nutzeranschlüssen.

TEMEX-Kennung (Kap. 5.4.2)
Kennung der Fernwirkleitstelle für den Zugang zu Dienstleistungen innerhalb des TEMEX-Dienstes.

TEMEX-Netzabschluß (TNA)
(Kap. 3.4)

TEMEX-Nutzer (Kap. 5.4)
Inhaber eines TEMEX-Anschlusses.

TEMEX-Schlüssel (Kap. 3.4.5)
Der TEMEX-Schlüssel dient zur Identifizierung der TSS gegenüber der FWLST (Fernwirkleitstelle) und besteht aus bestimmten Kennzahlen.

TEMEX-Spezialist (Kap. 4.4)

TEMEX-Versorgungsbereich (TVB)
(Kap. 4.2, 4.3)
Der TVB ist der geografische Bereich des öffentlichen TK-Netzes, in dessen Bereich die TK und TZ an eine THZ angeschaltet sind.

THZ (Kap. 3.2.4)
siehe TEMEX-Hauptzentrale

TK (Kap. 3.2.2, 3.4)
TEMEX-Konzentratoreinrichtung

TEMEX-Zentrale (TZ)
(Kap. 3.2.3, 3.4)

TKO (Kap. 2.3)
Abkürzung für »Telekommunikationsordnung«. Verordnung über die Bedingungen und Gebühren für die Benutzer der Einrichtungen des Fernmeldewesens, gültig seit 1. 1. 88 für alle Telekommunikationsdienste der DBP.

TNA (Kap. 3.2.1, 3.4)
Abkürzung für TEMEX-Netzanschluß.

Transaktionsmengen/Transaktionsrate (Kap. 3.2, 5.1.3)
Monatlich begrenzte Anzahl von Übertragungen pro TEMEX-Schnittstelle.

TSS (Kap. 5.4)
Abkürzung für TEMEX-Schnittstelle.

TSS 11 (Kap. 5.2.2, 5.4.2)
Bezeichnung der 1-Bit-»Meldeschnittstelle« (physikalisch).

TSS 12 (Kap. 5.2.2, 5.4.2)
Bezeichnung der 1-Bit-»Befehlsschnittstelle« (physikalisch).

TSS 13 (Kap. 5.4.2)

TSS 14, 14m (Kap. 5.4.2)

TSS 15 (Kap. 5.4.2)

TSS 17 (Einfache Leitstelle)
(Kap. 5.4.2)

TSS 31, 32, 33, 34 (komfortable Leitstelle) (Kap. 5.4.2)

TÜB (Kap. 3.2)
Die TEMEX-Übertragungsbaugruppen werden in den TZ bzw. TK aufgebaut. In der TÜB erfolgt die Trennung von Telefon- und Fernwirksignalen.

TÜE (Kap. 3.2)
TEMEX-Übertragungs-Einrichtung: In der TÜE erfolgt die Trennung/Zusammenführung des Telefon- und des TEMEX-Signals (in der Vermittlungsstelle der Post).

TVR (Kap. 4.3)
TEMEX-Vermittlungsrechner (Teilkomponente der THZ).

TZ (Kap. 3.2.3, 3.4)
TEMEX-Zentrale

U

Übertragungsgeschwindigkeit
(Kap. 3.4)
Sie gibt an, wieviel Bits in einer Sekunde übertragen werden. Maßeinheit: bit/s.

Unterstation (Kap. 5.1.4, 5.2.2)

V

VdS, siehe Verband der Sachversicherer

Verantwortliche Fachkraft
(Kap. 7.3.2)

Verband der Sachversicherer (VdS)
(Kap. 6.1)

Vereinfachtes Zulassungsverfahren
(Kap. 7.3.1)

Vermittlungsfunktion
(Kap. 3.4)
Hauptzweck der Vermittlungsein-

richtungen. Vermittlungsfunktionen bewirken, daß Telekommunikationsverkehr über eine Richtung, die aus mehreren ausgewählt wurde, dem gewünschten Ziel zugeführt wird. Zu den Vermittlungsfunktionen gehören auch:
1. das Zwischenspeichern der Nachrichten.
2. das den Nachrichteninhalt nicht verändernde Bearbeiten der Nachrichten.

Versuchszulassung (Kap. 7.3.1)

Verteilte Dienstleistung (Kap. 6.2)

Virtuelle Verbindung (Kap. 4.5)
Verbindung über bestimmte logische Kanäle zwischen zwei paketvermittelten Wählanschlüssen; gewählte virtuelle Verbindung; feste virtuelle Verbindung.

Vorkonzentration (siehe Unterstation) (Kap. 5.1.4)

W

Wählanschluß der Gruppe L (Kap. 4.2)
Anschluß an das öffentliche Telekommunikationsnetz, um Dienstleistungen des Datenübermittlungsdienstes in Anspruch zu nehmen; digitales Übertragungsverfahren, leitungsvermittelt. Umgangssprachlich mit DATEX-L-Anschluß bezeichnet.

Wählanschluß der Gruppe P (Kap. 4.2)
Anschluß an das öffentliche Telekommunikationsnetz, um Dienstleistungen des Datenübermittlungsdienstes in Anspruch zu nehmen; digitales Übertragungsverfahren, paketvermittelt. Umgangssprachliche Bezeichnung: DATEX-P-Anschluß.

Weiterbildung (Zulassung) (Kap. 7.3.2)

Widerruf (Zulassung) (Kap. 7.3.2)

Z

Zeitkritische Meldungen/Befehle (Kap. 5.1.3)

Zeitunkritische Meldungen/Befehle (Kap. 5.1.3)

Zulassung (Kap. 7.3)
Alle Einrichtungen, die an das Netz der DBP angeschlossen werden sollen, müssen dafür zugelassen sein.

Zulassungsbeauftragter (Kap. 7.3.1)

Zulassungsinhaber (Kap. 7.3.2)

Zulassungsverfahren (Kap. 7.3.2)

Zustandswechsel (Kap. 5.2.3)

Zweiwegeführung (Kap. 6.3)

ZZF (Kap. 7.3)
Zentralamt für Zulassungen im Fernmeldewesen in Saarbrücken, zuständig für das Erteilen einer Zulassung.

Bitte beachten Sie die Anzeigen auf den folgenden Seiten

D(E)NKEN HILFT!

Wir finden die richtigen **Lösungen** für Sie. **Heute.** Unsere Kunden schätzen uns als **erfolgreiches System- und Softwarehaus.** Nennen Sie uns Ihre Aufgabenstellung – unsere 250 Mitarbeiter denken für Sie. Flexibel, kooperativ, **partnerschaftlich.** (q.e.d.)

Sie suchen die geeignete **TEMEX-Anwendung** für Ihre Ideen? Unser Projektteam macht Ihre Produkte temex-fähig und **marktreif.** Mit Phantasie und einzigartiger TEMEX-Erfahrung seit vielen Jahren. **Hard und Soft.** Vor allem termingerecht. So gewinnen Sie **Zeit. Zum Denken.**

Zeit für ein kleines Fach-Palaver?
Einfach anrufen. Das hilft.

Dr. Neuhaus, Haldenstieg 3, 2 Hamburg 61
Tel. (040) 55 30 41 53, Fax (040) 55 30 41 80

dr.neuhaus

Die Lösung jetzt.

IC ISENBÜGEL COMPUTERTECHNIK

Modulare Temex Endgeräte für die Schnittstellen TSS 13–17

Kompakt durch halbe Europakarte

Montage auf DIN – Schiene, 19" Einschub oder im Aufputzgehäuse

Anpassung Ihrer Produkte an Temex durch Chiplösung

SYSTEMHAUS FÜR INDUSTRIECOMPUTER UND ELEKTRONISCHE STEUERUNGEN
4000 DÜSSELDORF 1 · KONKORDIASTRASSE 11 · TELEFON 0211/39 27 73

Wiemer & Strube
Computertechnik

Opelstr. 10
6750 Kaiserslautern 25
Telefon 06301/60120
Telefax 06301/60119
Teletex 06301/630192 tzkl

Sicherheit von Anfang an in der TEMEX-Technik mit Wiemer & Strube Computertechnik als leistungsstarkem Partner.
Nutzen Sie unser Know-How in der TEMEX Datenkommunikation für Ihren eigenen Erfolg.

Wir suchen Partner aus Handel, Handwerk und Industrie für den weiteren Ausbau unseres Vertriebsnetzes.
Ausführliche Informationen über unsere Produkte können Sie jederzeit bei uns abrufen.

Elektro Praxis

In dieser neuen Reihe erscheinen Praxis-Bücher für den Elektrofachmann. Die ausgewählten Themen entsprechen den täglichen Anforderungen und Aufgaben in Handwerk und Industrie.

Josef Eiselt
Fehlersuche in elektrischen Anlagen und Geräten
4., überarbeitete und erweiterte Auflage,
238 Seiten mit 188 Abbildungen,
kartoniert
ISBN 3-7905-0546-3

Winfried Hoppmann
Die bestimmungsgerechte Elektroinstallationspraxis
Ca. 270 Seiten mit ca. 150 Abbildungen,
kartoniert
ISBN 3-7905-0519-6 (Juni 1989)

Alfred R. Kraner
Elektrotechnik in Gebäuden
Planung zur rationellen Ausführung und Energieanwendung
152 Seiten mit 42 Abbildungen und zahlreichen Tabellen, kartoniert
ISBN 3-7905-0529-3

Heinz Lapp
Instandhaltung von elektrischen Anlagen
Planung und Durchführung für Handwerk und Industrie
170 Seiten mit 100 Tabellen und Abbildungen,
kartoniert
ISBN 3-7905-0530-7

Martin Voigt
Meßpraxis Schutzmaßnahmen DIN VDE 0100
Ca. 144 Seiten mit ca. 75 Abbildungen und ca. 30 Tabellen, kartoniert
ISBN 3-7905-0549-8 (Mai 1989)

Richard Pflaum Verlag GmbH & Co. KG München · Bad Kissingen · Baden-Baden · Berlin · Düsseldorf · Heidelberg

Pflaum Buchverlag: Lazarettstraße 4, 8000 München 19
Telefon (089) 12607234, Telex 529408